复杂动态下多模态无人机建模与优化控制研究

蔡　博　李　博　徐恺鑫◎著

U0382014

西北工业大学出版社

西　安

【内容简介】 本书深入探讨了无人机技术的发展趋势、动力学建模基础，以及复杂动态环境下的多模态无人机建模。首先，详细阐述了多模态优化控制的理论基础，并针对多模态无人机的控制策略进行了全面设计。其次，研究了面向编队飞行的无人机多模态协同控制，以及复杂环境下无人机的运动规划与跟踪控制。最后，讨论了无人机规划与控制的实际应用，指出了当前面临的挑战与未来发展方向，以及相关的政策、法规与伦理考量。

本书可供无人机技术相关领域的研究人员及行业爱好人员阅读。

图书在版编目（CIP）数据

复杂动态下多模态无人机建模与优化控制研究 / 蔡博, 李博, 徐恺鑫著. -- 西安 : 西北工业大学出版社, 2024. 8. -- ISBN 978-7-5612-9456-7

Ⅰ. V279

中国国家版本馆CIP数据核字第2024CP2834号

FUZA DONGTAI XIA DUOMOTAI WURENJI JIANMO YU YOUHUA KONGZHI YANJIU

复杂动态下多模态无人机建模与优化控制研究

蔡博 李博 徐恺鑫 著

责任编辑： 孙 倩 王 水		**策划编辑：** 吕颐佳	
责任校对： 高茸茸		**装帧设计：** 高永斌	

出版发行 西北工业大学出版社

通信地址： 西安市友谊西路127号 邮编：710072

电 话： （029）88491757，88493844

网 址： www.nwpup.com

印 刷 者： 陕西向阳印务有限公司

开 本： 787 mm×1 092 mm 1/16

印 张： 11.625

字 数： 239千字

版 次： 2024年8月第1版 2024年第8月第1次印刷

书 号： ISBN 978-7-5612-9456-7

定 价： 70.00元

前言

在当今时代，无人机技术因其广泛的应用前景与复杂的技术问题而成为研究的热点。从军事侦察、灾害救援到农业监测、物流配送，无人机的应用正在逐渐渗透到社会的各个角落。随着应用领域的不断拓展，无人机系统面临的动态环境也愈加复杂多变，如何在多种模态切换与环境扰动下实现高效、稳定的飞行控制，是当前无人机研究中的核心问题之一。

本书的编写初衷，是为了系统地分析和研究在复杂动态环境中多模态无人机的建模问题及优化控制策略。本书在介绍无人机的分类、应用和发展的基础上，从无人机系统的动力学建模展开，深入到复杂环境下的多模态控制理论，再扩展至实际应用层面，尤其注重多模态控制系统设计与实现中的实际问题。

第一章主要介绍无人机的发展历程、分类和应用领域，并对当前技术的发展趋势与面临的挑战进行了深刻分析，为后续章节的技术内容提供背景知识和研究思路。

第二章与第三章重点讨论在复杂动态环境下无人机的精确建模问题，包括基础动力学方程的建立、多类型扰动的建模方法，以及仿真与实验的验证。这是理解与实现高级控制策略不可或缺的基础。

第四章和第五章系统地构建了多模态优化控制的理论基础，并针对多模态无人机设计了切换控制、自适应控制以及智能控制等多种控制策略。

第六章与第七章则进一步扩展到多无人机协同控制与运动规划问题，特别是面向编队飞行的控制策略和机动受限下的路径规划算法，展示了无人机在更广阔应用场景下的实用价值和潜力。

第八章聚焦于无人机控制与规划技术的实际应用与未来发展方向，同时探讨了现有政策、法规与伦理问题对无人机技术应用的影响，以及未来研究的可能方向。这不仅为无人机研究者提供了具体的应用案例，也为政策制定者和行业从业者提供了参考。

本书的特色在于完整的研究框架、严谨的理论分析与丰富的实践指导。每个章节均注重理论与实践的紧密结合，并特别在多模态复杂控制理论的应用实例中提供了详尽的分析和大量的实验结果。希望本书能为相关领域的研究者、工程技术人员以及在校学生提供有价值的参考和帮助。

本书由哈尔滨工业大学蔡博、李博、徐恺鑫撰写。具体分工如下：蔡博负责撰写本书第一章、第二章、第四章的内容；李博负责撰写本书第三章、第五章、第七章的内容；徐恺鑫负责撰写本书第六章、第八章的内容。徐恺鑫做了本书的统稿工作。

在撰写本书过程中，收集、查阅和整理了大量文献资料，在此对学界前辈、同仁和所有为此书撰写工作提供帮助的人员致以衷心的感谢。

由于水平有限，书中难免存在不足之处，请广大读者不吝赐教，以便于笔者在未来的工作中不断改进和提高。

著者

2024年2月

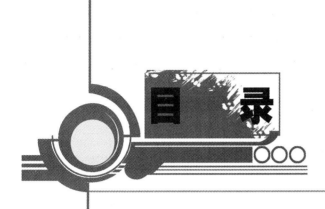

目 录

第一章　无人机概述 ·· 1

　　第一节　无人机的发展历程 ·· 1

　　第二节　无人机的分类与应用领域 ··· 7

　　第三节　当前无人机技术的发展趋势与挑战 ·· 13

第二章　无人机动力学建模基础 ·· 19

　　第一节　坐标系与运动学方程 ·· 19

　　第二节　动力学方程的建立 ··· 26

　　第三节　风洞实验与模型验证 ·· 33

第三章　复杂动态环境下多模态无人机建模 ·· 40

　　第一节　复杂动态环境的影响因素 ·· 40

　　第二节　传感器噪声与模型不确定性分析 ··· 46

　　第三节　多类型扰动下的多模态无人机建模 ·· 52

　　第四节　仿真平台与实验验证 ·· 58

第四章　多模态优化控制理论基础 ·· 64

　　第一节　多模态控制的基本方法 ·· 64

　　第二节　多模态控制系统的稳定性分析与控制器设计 ··························· 70

　　第三节　多模态控制系统的多目标性能优化 ·· 76

第五章　多模态无人机控制策略设计 ··· 84

　　第一节　基于状态估计的多模态切换控制 ··· 84

　　第二节　面向多模态无人机的自适应切换控制策略 ······························ 91

第三节　多模态无人机鲁棒控制算法设计 ⋯⋯⋯⋯⋯⋯⋯⋯⋯ 96

第四节　智能控制算法在多模态无人机控制中的应用 ⋯⋯⋯ 102

第六章　面向编队飞行的无人机多模态协同控制 ⋯⋯⋯⋯⋯⋯⋯⋯ 109

第一节　基于改进粒子群算法的多无人机任务分配 ⋯⋯⋯⋯⋯ 109

第二节　多约束下多无人机协同航迹规划算法 ⋯⋯⋯⋯ 114

第三节　无人机编队多模态协同控制策略 ⋯⋯⋯⋯⋯ 119

第四节　仿真与实验研究 ⋯⋯⋯⋯⋯⋯⋯⋯⋯⋯⋯⋯⋯⋯ 126

第七章　复杂环境下无人机运动规划与跟踪控制 ⋯⋯⋯⋯⋯⋯⋯ 133

第一节　机动受限下无人机全局路径规划算法 ⋯⋯⋯⋯ 133

第二节　基于改进遗传算法的实时局部路径规划 ⋯⋯⋯ 140

第三节　基于模型预测控制的轨迹跟踪控制器设计 ⋯⋯⋯ 145

第八章　无人机规划与控制的实际应用与挑战 ⋯⋯⋯⋯⋯⋯⋯⋯ 153

第一节　无人机运动规划算法的发展与应用 ⋯⋯⋯⋯⋯ 153

第二节　无人机优化控制算法的发展与应用 ⋯⋯⋯⋯⋯ 158

第三节　无人机全面应用面临的挑战与未来发展方向 ⋯⋯ 165

第四节　无人机相关政策、法律 ⋯⋯⋯⋯⋯⋯⋯⋯⋯⋯ 172

参考文献 ⋯⋯⋯⋯⋯⋯⋯⋯⋯⋯⋯⋯⋯⋯⋯⋯⋯⋯⋯⋯⋯⋯⋯ 178

第一章

无人机概述

第一节　无人机的发展历程

一、初期航空遥控设备的出现与应用

初期航空遥控设备的出现是现代无人机技术的曙光，这种设备最早可以追溯到20世纪初。这时期的科学家与工程师们开始探索如何远程控制飞行器，其主要是为了军事应用，例如远程控制的飞行炸弹或侦察机。这些早期的遥控飞行器相对简单，通常依赖于无线电信号来执行简单的命令，如启动、停止、转向等。

随着无线电技术的发展，到20世纪中叶，遥控设备开始逐渐复杂化并且功能性大大增强。遥控设备开始采用更为先进的无线电调频系统，这使得遥控飞行器操作更加稳定可靠，控制距离也得以增长。此外，这一时期也实现了模拟信号向数字信号的转变，这为后来的遥控技术提供了新的可能性。

这一时期遥控设备的应用也从军事领域逐步拓展至民用领域，比如在电影制作中用作拍摄高空镜头的工具，或者在农业中用于喷洒农药。这种跨领域的应用推动了遥控技术的快速发展，也促使了相关的电子、机械、软件系统的进步。

技术的成熟为遥控设备的商业化创造了条件。商业化推动了技术标准的制定和产业链的形成，遥控飞行器成为了一种新兴的产品，逐渐进入普通消费者的视野。这种设备通常包括了遥控器和飞行器两个部分，遥控器通过发射特定的无线电波与飞行器上的接收器相连接，操作者可以通过遥控器上的按钮或摇杆来控制飞行器的升降、加速、减速、转向等动作。

随着计算技术的发展和传感器技术的进步，现代遥控飞行器开始具备各种高级功能，如自动稳定系统、全球定位系统（GPS）定位、自动避障等。这些功能不仅大大简化了操作过程，也极大地提升了飞行安全性和实用性。遥控设备和飞行器的集成设计逐渐成为研发的重点，这进一步推动了遥控飞行器向无人机的演变。

进入21世纪，无人机的应用场景日益增多，从最初的军事侦察和打击，扩展到现在的地质勘探、灾害监控、交通管理、安全巡检等多个行业。这一变化背后，是遥控技术从简单的单通道无线电信号控制向复杂的多通道、多频段、多模式的深层次控制技术的演进。遥控设备的设计和制造也越来越注重用户体验，操作简便性、人机交互界面的友好程度等成为产品竞争的重点。

目前，随着人工智能技术的融入，遥控飞行器在自主性、智能化方面也展现出了更大的潜力，这包括通过人工智能优化飞行路径、动态调整飞行状态以适应复杂环境等。

二、无人机在军事领域的应用

无人机在军事领域最初的应用可追溯到第一次世界大战期间，当时其用于执行侦察任务和作为训练靶机使用。但真正意义上的无人机（Unmanned Aerial Vehicles, UAV）在军事操作中的广泛采用是从20世纪80年代中后期开始的。这种技术的快速发展与运用，极大地扩展了军事行动的范围和效率，同时也引发了对战争性质的深刻思考。

侦察和监视是最初无人机的主要职能，它们可以在没有直接人员介入的情况下，完成对敌方的监视与信息收集任务。这些无人机装备了摄像头和其他传感器，能够在对方难以到达或高风险的区域进行飞行，为己方军队提供了宝贵的情报。例如，在越南战争中，美国就大量使用了无人机执行侦察任务，从而减少了飞行员的伤亡和飞机的损失。

随着技术的进步，无人机的功能变得更加多样化，包括电子战、目标指示、信号中继、战斗评估和直接攻击等。20世纪90年代，在科索沃战争中，无人机承担了重要的电子战任务，有效干扰了敌方的通信系统。进入21世纪后，攻击型无人机（也被称为武装无人机）开始出现，它们可以携带导弹或炸弹，直接攻击地面上的目标。美国在阿富汗战争和伊拉克战争中大量使用了MQ-1"捕食者"和MQ-9"收割者"等武装无人机，显著提高了打击效率和精确度，同时也极大地降低了己方士兵的伤亡。

无人机在军事领域的使用还包括了临时通信网络的建立和战场管理。在复杂的作战环境中，无人机可以迅速部署，建立起各种通信链路，帮助指挥部实时获取战场信息，调整战术部署。此外，它们还可以辅助地面部队进行战斗评估，记录战斗中的各种数据，帮助提高未来行动的准确性和效率。

无人机的使用减少了直接的人员伤亡，但同时也引发了对无人机进行远程攻击的法律和道德争议。例如，无人机攻击可能导致对非战斗区域的误伤问题，以及如何区分战斗人员和平民的问题。

未来，随着人工智能技术的融入，无人机将实现更高级的自主运作能力，能够进行更复杂的作战任务，如协同作战、自我修复等。同时，反无人机技术也在迅速发展，各国军队正致力于研发能有效对抗无人机的技术和策略，如电磁干扰、网络攻击及物理拦截等手段。

无人机技术的运用在军事领域无疑已经成为现代战争的一个重要组成部分。它不仅改变了战场的形态，提高了作战效率，同时也对军事战略、战术的制定和执行带来了深远影响。随着技术的不断进步和战术应用的不断创新，无人机在未来军事行动中将继续扮演其至关重要的角色。

三、无人机的技术进步与商业化拓展

无人机的技术进步与商业化拓展是近年来无人机领域最引人瞩目的发展之一。技术进步是推动无人机商业化拓展的重要因素。无人机技术的演进可以从几个方面来观察：首先是飞行控制技术的进步，现代无人机通过高度复杂的飞行控制系统实现了高精度的位置定位和稳定飞行，这使无人机能够在各种复杂环境中运行；其次，传感技术的提升使无人机能够搭载各种传感器，如高清摄像头、红外线扫描器等，这极大地扩展了无人机的应用范围；最后是通信技术的提升，现代无人机能够通过卫星或无线电波与操作者进行远程通信，这极大地提高了操作范围和灵活性。

无人机的商业化拓展表现在多个层面。在农业领域，无人机被用来进行作物监测和健康评估，它们可以快速检测并识别病虫害，帮助农民精确施肥和喷药，从而提高作物产量并减少化学药品的使用；在物流领域，无人机逐渐被用来进行小型包裹的投递，尤其是在交通不便的地区，无人机可以实现快速、低成本的递送服务，这不仅提升了物流效率，也为偏远地区的居民提供了极大的便利。此外，无人机在环境监测、野生动植物保护、城市管理等领域也有着越来越广泛的应用。

商业化的拓展还依赖于法规和标准的发展。随着无人机应用的增多，相关的法律和规章制度也在不断完善，以确保无人机的安全运行及其对公共安全和隐私的保护。不同国家和地区制定了一系列针对无人机飞行高度、飞行区域、隐私保护等方面的法规，这为无人机的广泛应用提供了法律保障。

接入先进的数据分析技术对无人机的商业化也起到了推动作用。通过对无人机收集的大量数据进行分析，可以提取有价值的信息，从而为决策提供依据。例如，在农业中，通过分析无人机收集的图像和其他传感器数据，可以得知作物生长的具体情况，为精确农业提供科学依据。

然而，无人机的广泛应用也带来了一些挑战和问题，如隐私侵犯、安全事故等。为了解决这些问题，除了制定严格的法规外，技术创新也非常关键。例如，使用人工智能技术来改进无人机的自主飞行能力，提高其在复杂环境中的安全性和可靠性。此外，公众对无人机技术的接受程度也是推进无人机商业化的一大挑战。进行公众教育和正面宣传对于提高无人机技术的社会接受度至关重要。

四、无人机在民用领域的快速扩展

近年来，无人机技术在民用领域的应用迅速扩展，其涉及的应用场景覆盖了农业、林业、城市规划和建设、物流运输、娱乐和媒体、紧急救援等多个方面，极大地推动了相关行业的创新发展。

在农业领域，无人机被广泛用于精准农业管理中。通过搭载多种传感器，无人机能够快速采集农作物生长的数据，包括植被指数、土壤湿度等信息，这些数据帮助农民做出更为科学的种植决策，如精确施肥、灌溉等。此外，无人机还被应用于农药和肥料的精准喷洒，相较于传统方法，这种方式更为高效，而且可以显著减少化学物质的使用量，从而减少环境污染。

在林业方面，无人机提供了一种高效、低成本的森林监测工具。它们能够穿越难以到达的森林地区，监测树木生长情况、病虫害发生及其蔓延情况等。通过实时获取的高分辨率影像，林业管理者可以及时发现森林火灾，并且迅速部署救火资源，有效降低森林火灾带来的损失。

在城市规划和建设中，无人机也扮演着重要的角色。它们能够快速获取城市建设的实时影像，帮助规划者更好地理解城市的空间布局和现状，对城市扩展、交通系统的规划提供有力的数据支持。此外，无人机还经常被用来监测建筑施工进程，确保建筑质量，并对施工安全实施有效监控。

物流运输是无人机技术应用的另一大热点。随着电商业务的快速增长，传统的配送方式面临巨大挑战。无人机配送作为一种快速、低成本的解决方案，已在多个国家和地区进行试点，尤其是在交通不便的乡村地区和拥堵的城市中心，无人机显示出其独特的优势。

无人机快递不仅能够大幅缩短配送时间，还能减轻道路交通压力，具有广阔的发展前景。

在娱乐和媒体领域，无人机也开辟了新的视角。在电影和电视制作中，无人机被用来捕捉飞越崇山峻岭或城市高楼的壮观画面，为观众提供震撼的视觉体验。此外，无人机在体育赛事中拍摄运动员的角逐场面，提供了全新的观赛角度，极大地丰富了观赛体验。

紧急救援是无人机应用的另一关键领域。在自然灾害，如地震、洪水或森林火灾等发生后，无人机可以被迅速部署到灾区，进行实时的空中侦察，评估灾情和搜寻幸存者。无人机上搭载的热成像摄像头可以在夜间或烟雾环境中发现生命体征，显著提高救援效率和成功率。

五、法律法规与道德标准方面

随着无人机技术的快速发展，其应用范围从军事领域拓展到了商业、民用乃至娱乐等多个领域。伴随着无人机行业的蓬勃发展，相关的法律法规与道德问题也持续引发公众、政策制定者和业内人士的广泛关注。这些关注点主要集中在隐私保护、空中安全、地面安全以及道德标准等方面。

在无人机技术的普及初期，各国对于无人机的法律规制相对滞后，市场的快速扩张往往超前于政策的制定。然而，在无人机侵犯隐私、干扰民航飞行等事件发生后，各国逐步意识到制定全面、严格的无人机规章制度的重要性。例如，美国联邦航空局（FAA）制定了一系列关于无人机飞行的规定，不仅包括无人机的注册、操作人的训练要求，还有对商业用途无人机飞行的详细指导。这些措施的制定与实施有效地规范了无人机的商业使用，保障了空中交通的安全。

无人机的便捷性和机动性使其容易被用于非法监视和侵犯个人隐私，诸多国家因此制定了严格的隐私保护法律。例如，一些地区要求无人机操作者在飞行无人机进行录像或摄影前，必须获得被拍摄对象的明确同意。

在空中和地面安全方面，无人机可能带来新的安全威胁，包括与民航航班的潜在冲突、失控坠地可能伤害行人等。对此，各国政府在法规中明确了无人机的飞行高度、飞行区域以及必要的安全措施，如避障技术的使用等。在操作许可、飞行员资格认证方面也提出了严格要求，以确保每一名无人机操作者都具备足够的专业知识和责任意识。

此外，随着无人机的广泛应用，道德问题亦成为不容忽视的议题。使用无人机进行军事打击、监视等活动时，可能会引发道德争议，特别是涉及民众的生命安全和基本权利时。无人机的使用应当严格遵循国际法与人道法原则，确保技术应用不越过道德的底线。

六、近年来的技术创新与对未来的展望

无人机技术的飞速发展已成为现代航空、军事及民用工业的重要驱动力。近年来，随着科技的迅猛进步，无人机不仅在设计和功能上获得了极大的提升，而且在应用的广度和深度上也显示出前所未有的潜力。各种新兴的技术创新在推动无人机朝着更为智能化、多功能化方向发展的同时也预示着其未来的发展趋势。

一方面，人工智能和机器学习的融合应用是近几年无人机技术创新的显著特色。通过集成先进的感知与认知系统，无人机能够实现更高级的自主飞行功能。例如，利用深度学习算法，无人机可以精确识别并分析地面物体和环境状态，提高在复杂地形和不可预测气候条件下的操作精确度和安全性。这种智能化的提升不仅优化了无人机的航线规划，还增强了其应对紧急情况的能力，如自动避障和故障自我诊断能力。

另一方面，通信技术的进步也极大支撑了无人机的技术创新。随着第五代移动通信技术（5G）及更高速度通信技术的广泛部署，无人机在执行任务时能够实时传输大量数据，确保控制中心与无人机之间的通信更为稳定和快速。高速通信技术的应用不仅使得无人机能在更广阔的区域内稳定作业，还为多无人机编队控制提供了可能，这在灾难救援、大规模监测等领域显示出极大的应用价值。

能源技术的创新也是推动无人机发展的重要因素。随着电池技术的进步，尤其是锂电池密度的提高与新型电池技术的出现，无人机的续航能力得到了显著提升。此外，一些研究机构和企业正在探索更为环保的动力系统，如太阳能驱动的无人机，这类无人机能够在日照充足的地区长时间进行作业，对于环境监测和边远地区的物资投递等应用场景尤为适合。

物料与制造技术的进步也为无人机带来了新的机遇。随着轻质高强度材料的研发应用，如碳纤维复合材料，无人机的结构重量得以降低，搭载能力相应提高。同时，利用三维（3D）打印等先进制造技术，使无人机的个性化设计和快速原型制造成为可能。这不仅有助于降低成本，还使得无人机能更好地适应特定的任务需求，如特种侦察或在特异环境下的操作。

展望未来，无人机技术预计将进一步向更高的智能化和自动化方向发展。随着算法和计算平台的持续进步，未来的无人机将能够实现更全面的环境感知、更复杂的任务执行和更精准的自主决策。此外，随着法规和政策的逐步完善，无人机的商用潜力将进一步被挖掘，尤其是在物流配送、城市空中交通等方面。同时，随着市场对无人机隐私和安全问题的关注的增加，相关的技术和管理措施也将得到加强，以保证无人机技术的健康发展。

第二节　无人机的分类与应用领域

一、固定翼无人机

固定翼无人机是一类利用固定的翼面来提供升力的无人飞行器，区别于多旋翼无人机的是它的翼型与常规有人驾驶飞机相似，依靠翼面的气动设计来维持飞行。由于结构和飞行原理的特点，固定翼无人机在进行长时间飞行、远程探测和载重方面表现出更高的效率。这类无人机通常需要起飞与降落的跑道或者依靠弹射器起飞，降落时可能需要抛投设备或降落伞辅助，这与垂直起降的多旋翼无人机形成了鲜明对比。

固定翼无人机在军事和民用领域都有广泛的应用。

在军事领域，它们常被用于侦察、监视、目标定位及战场管理。最突出的例子是美国使用的全球鹰无人侦察机，它能在极高的高度进行长时间的飞行，执行远程侦察任务，有效弥补了有人飞行任务在持久性和风险方面的不足。

在民用领域，固定翼无人机同样扮演着重要的角色。在农业中，它们被用来进行植被调查、病虫害监控和农药喷洒。相比传统方法，使用无人机可以节省大量的人力和时间，同时提高作业的精确度。在环境监测领域，固定翼无人机可以用于森林火灾的早期检测、野生动物的研究与监控以及环境污染的评估。其高效的覆盖能力和快速的部署性使得它成为这些应用中的优选工具。

除此之外，固定翼无人机在灾难应对与救援行动中，也显示出了其独特的价值。在地震、洪水或其他自然灾害后，固定翼无人机可以迅速被派往灾区，进行实时的空中勘察，评估灾情并指导救援队伍的救援方向，这极大地提高了救援效率和安全性。特别是在那些地面交通受阻的区域，固定翼无人机几乎是唯一能够提供及时信息的设备。

随着技术的进步，固定翼无人机的设计也趋向更加智能化与自动化。现代固定翼无人机装备有先进的传感器和通信系统，能够实现高度自动的飞行控制和数据传输。通过集成现代的人工智能技术，这些无人机可以执行更复杂的任务，如自动识别图像中的特定对象或自动规划在复杂地形中的最优飞行路径。

随着无人机相关法规的逐步完善与公众对无人机应用认知的加深，固定翼无人机将在更多领域展现出其不可替代的作用。不仅在商业或科研领域，人们日常生活中的许多方面都可能受益于固定翼无人机的普及和应用。展望未来，固定翼无人机技术的不断创新和应用开拓仍是航空航天领域的研究热点之一。

二、旋翼无人机

旋翼无人机是现代航空技术中的重要组成部分，多用于军事、民用和科学研究领域。这种类型的无人机主要通过一个或多个旋转的桨叶来提供升力和推进力。其中，最为普遍的是四轴旋翼无人机，即俗称的四旋翼飞行器。由于其独特的飞行特性，例如垂直起降、高机动性及相对简单的控制系统，旋翼无人机在多种应用场景中展现出了无与伦比的优势。

在设计方面，旋翼无人机通常采用轻质材料制造，以减轻重量并提高飞行效率。其动力主要来源于电池，这使得它们只能够执行相对短距的飞行任务。但随着能源技术的发展，其续航能力正在快速提升。此外，旋翼无人机通常配备有多种传感器，包括GPS、陀螺仪和摄像头等，这些传感器不仅可以帮助无人机进行位置定位，还能执行复杂的任务，如实时监控和数据采集。

从应用领域来看，旋翼无人机的用途极其广泛。在军事领域，它们被用于侦察和监视任务，可以在敌方防线后方收集关键情报。此外，越来越多的无人机装备了小型的投掷物或爆炸装置，用于执行精确打击。在民用方面，随着技术的进步和法规的完善，旋翼无人机正在被广泛应用于航拍、农业监测、环境保护、交通管理和灾害响应等多个领域。例如，在农业领域，无人机可以用来监测作物生长状况和分布肥料或农药。

科学研究也是旋翼无人机的一个重要应用领域。科研人员利用无人机进行地理测绘、气候监测和野生动物研究等，这些任务通常在人类难以接触的区域进行，如遥远的极地或密集的热带雨林区域。无人机提供了一种相对安全且成本效益高的方法，以获取关键数据。

在技术挑战方面，无人机的自主飞行能力是当前研究的热点之一。这包括提升无人机的智能决策能力、改进其对复杂环境的响应以及增强与其他无人机的协同作战能力。例如，通过机器学习算法训练无人机自动识别并避开障碍，实现更加智能化的路径规划。

此外，无人机的信息安全也日益成为一个关注重点。随着无人机数量的增加和应用的深入，保护无人机系统免受黑客攻击成为了一个紧迫的问题。攻击者可能通过干扰通信信号或破解控制系统来劫持无人机，这对于使用无人机执行敏感任务的用户来说，无疑是一大安全风险。

三、垂直起降无人机

垂直起降无人机，通常称为VTOL（Vertical Take-Off and Landing）无人机，是一类具备垂直起降功能的航空器。这种无人机结合了传统直升机的垂直起降能力与固定翼飞机的长距离飞行效率，因此，在多种应用场合展现出了极高的实用价值。

垂直起降无人机的设计允许它们在极其有限的空间内起飞与降落，这一特性使得VTOL无人机尤其适用于城市环境或其他地形复杂的区域。这种无人机通常装备有用于垂直升降的旋翼及用于水平飞行的固定翼，通过这种混合设计，VTOL无人机在执行任务时能够实现更高的速度和更远的航程，同时还保持了较小的起降空间需求。

在军事领域，VTOL无人机的应用非常广泛。它们不仅能够在没有跑道的战地环境中快速部署，还能执行侦察、监视、目标定位和空中打击等多种任务。这种无人机的灵活部署能力，加上较低的声音和隐蔽性，使其成为现代战场上不可或缺的装备。

民用领域中，VTOL无人机同样有着广阔的应用前景。在城市交通管理、急速救援、环境监控和农业植保等行业，垂直起降的特性极大地增强了无人机的实用性。例如，在救援行动中，VTOL无人机可以迅速从狭窄地带起飞，快速到达事故现场提供空中视角，协助地面救援团队更有效地进行人员定位和救援工作。

此外，随着技术的发展，VTOL无人机在商业运输领域的潜力逐渐被挖掘。例如，它们可以用于快速递送药品或其他紧急物资到偏远或难以到达的地区，尤其是在自然灾害发生后的救援工作中显示出其独特的优势。

技术上，垂直起降无人机面临的挑战包括能源效率、飞行稳定性和多功能性的平衡。设计者需要在保持飞行效率的同时，确保无人机的起降动作平稳安全。此外，随着应用领域的不断拓展，对VTOL无人机的功能要求也越来越高，这要求持续的技术创新与系统优化。

环境与社会层面，VTOL无人机的普及也带来了一系列管理与监管的问题。例如，如何在保障公共安全的前提下合理布局城市空中交通，如何制定有效的隐私保护措施，都是当前需要解决的重要问题。因此，相关政策和法规的完善同样是促使VTOL无人机健康发展的重要因素。

四、微型与纳米无人机

微型与纳米无人机作为现代航空技术的重要组成部分，随着科技的发展正逐渐展现出其独特的价值和广泛的应用前景。这类无人机通常指的是体积小、重量轻的无人机，微型无人机一般重量在几百克到几千克不等，而纳米无人机则体积更小、重量更轻，有的重量甚至低至几十克。

这些无人机的研发利用了先进的材料科学、微电子机械系统（Micro-ElectroMechanical System，MEMS）技术和高度集成的电子技术，使它们在体积和重量上得以极大减小，同时保持或部分保持较大型无人机的功能特性。在设计与制造方面，微型与纳米无人机越来越多地运用新型材料和微型化技术，例如碳纤维材料的应用大幅降低了机体的重量，而集成化的飞行控制系统则显著减小了空间占用，提高了其机动性和飞行性能。

微型与纳米无人机在众多的应用领域都有非常广泛的应用前景。在军事和安全领域，这类无人机可用于侦察和监视，它们的小尺寸和低噪声特性使其能够在不被察觉的情况下进入敏感区域或战场进行信息收集。此外，由于成本相对低廉，它们还可以集群使用，通过群体协同作战提高任务的效率和成功率。

在民用方面，微型和纳米无人机也显示出其独特的优势。在环境监测与评估中，它们能够进入无法到达或不易到达的地区，比如密集的森林区域或被污染的环境，执行空气质量监测、水质检测等环境保护任务。在农业领域，这些无人机可用于精准农业，如作物监测、疾病防治等，能有效提高农业生产效率和作物的质量。

此外，随着城市化进程的加快，微型与纳米无人机在城市管理、交通监控以及应急响应等方面同样具有巨大潜力。它们可以在城市中快速部署，监视交通状况，或在发生火灾、地震等紧急情况时进行现场情报收集，辅助救援行动。

尽管微型与纳米无人机具有诸多优势，但它们的发展和应用也面临一些技术和管理上的挑战。技术上，电池续航能力、导航与控制技术、抗干扰能力等仍是需要进一步研究和突破的关键。从管理的角度来看，这类无人机的广泛应用增加了空中交通管理的复杂性，同时也引起了隐私和安全等社会问题。

随着技术的进一步发展和相关法律、政策的完善，微型与纳米无人机的技术难题将逐渐被克服，其在各行各业中的应用将会更加广泛和深入。未来，这些技术的融合与创新将持续推动微型与纳米无人机向更高性能、更广应用领域的发展，为人类社会带来更多便利和新的可能。

五、军用无人机

军用无人机作为现代战争和军事战略中的重要组成部分，其应用范围和战术意义不断扩展，已成为全球军事技术发展的焦点。无人机技术起初是为了解决有人飞行器执行高风险任务的需求而发展起来的，例如侦察和监视任务，但现今已扩展至执行复杂的攻击、电子战、网络战以及货物运输等多种军事功能。

军用无人机按照体型和功能可以大致分为战术级无人机、战略级无人机和特种用途无人机。战术级无人机通常用于战场侦察、目标定位和近距离支援，其特点是机动性强、响应速度快，并且能够在对方防空系统较弱的环境下高效作业。战略级无人机则主要承担更为广泛的侦察任务以及精确打击，它们通常具有更长的续航能力和更高的载荷能力，能够装载多种传感器和武器系统，执行深入敌后或全球范围内的任务。特种用途无人机包括电子战无人机、供应投送无人机等，这些无人机用途高度专一，设计用来执行特定的功能，如干扰敌方通信或迅速完成物资补给。

从技术层面看，军用无人机的设计和优化要求能覆盖极端的操作环境和复杂的战场情况。这包括：增强的隐身功能，通过使用隐身材料和设计来降低雷达截面积；提升的信息获取和处理能力，使其能够实时处理海量数据并提供可靠的情报支持；操作的自主性，减少对人工操控的依赖，通过先进的算法和人工智能技术实现更高层次的自主决策能力。

此外，军用无人机在作战模式中同样表现出其独到的战术和战略价值。它们可以在无人机群（swarm）形式中运作，通过网络化协同组成密集的作战网络，对敌实施压倒性的攻击或防御行动。无人机群技术的发展极大地提高了单个无人机的生存能力和任务执行的灵活性，可以在不牺牲人员安全的前提下实现多样化的战术部署。

作战环境的不断变化和敌对方的应对措施也促使军用无人机的对抗技术不断进步。例如，通过装备电子对抗设备，无人机能在敌方强大的电子战环境中保持通信和导航的独立性，或能通过机载软件自动识别和规避威胁。同时，随着敌我识别技术的发展，军用无人机能更准确地执行攻击任务，降低误伤率。

预计无人机未来将更加注重系统的整合性和模块化设计，以适应各种战场需求和快速更新换代的技术。无人机的能源系统和动力技术也将是未来研发的重点，如电磁动力学和太阳能技术的应用，旨在进一步提升无人机的续航能力和作用效率。

在伦理和法律层面，军用无人机的使用同样引发了广泛讨论。例如，如何确保有效军事行动，同时控制战争中的非战斗伤亡和遵守国际法规成为摆在所有军事力量面前的问题。因此，研究和制定相关的国际法规和标准，对于规范军用无人机的使用具有重要意义。

六、民用无人机

民用无人机是近年来技术发展的重要产物，其应用涉及摄影、农业、监测、交通管理等多个领域，逐渐成为日常生活与工业应用中不可或缺的组成部分。民用无人机通常具有操作简便、成本较低、可远程控制等特点，使得其在许多场景中都显示出巨大的潜力。

在摄影领域，民用无人机尤其表现出其独特的价值。无人机搭载的高清摄像机能够从空中拍摄大范围的景观，为摄影师提供了全新的视角和方式。此外，无人机在婚礼、体育赛事、旅游景点等活动中的使用也越来越普遍，成为捕捉大规模活动精彩瞬间的重要工具。

农业方面，民用无人机的应用也正变得越来越普及。农用无人机能够进行植保喷洒、作物监测等工作，大大提升了农业生产的效率与质量。特别是在作物病害预防与控制、田间管理等方面，无人机能够提供精确的数据支持，辅助农民进行更为科学的决策。

在环境监测与灾害管理中，民用无人机也发挥着越来越重要的作用。例如，在森林火灾的早期预警、洪水灾害的应急响应等方面，无人机由于其快速部署的特性能够及时提供重要信息，有助于相关部门做出快速反应。此外，无人机在野生动物保护、环境污染监测等领域的应用，也是推动环境保护工作向更高效、更科学方向发展的重要力量。

在城市管理和交通监管领域，无人机的运用同样展现出不可小觑的价值。无人机能够在交通拥堵、事故快速响应以及城市安全巡查等方面，提供高效的空中视角支持，助力相关部门提高城市管理的智能化、精细化水平。

随着技术的进一步发展与完善，民用无人机的功能将更加多样化，操作也将更加智能化。例如，通过整合人工智能技术，无人机未来可以实现更复杂的自主飞行与任务执行。此外，随着法律法规的完善以及公众对无人机应用安全性的认识提升，民用无人机的市场还将进一步扩大，其在社会生活及产业发展中的角色也将愈加突出。

七、特种应用无人机

特种应用无人机指的是在特定情况和任务下，为完成一系列复杂或特殊需求而设计的无人机。这类无人机通常具备一些常规无人机所不具备的特殊功能或特征，能在极端或复杂环境中执行任务，如军事应用、灾难响应、科学探索等多个领域。

在军事领域，特种应用无人机经常被用于侦察、监视和打击任务。这些无人机配备了高精度的传感器和定位系统，能在无人的条件下进行地面或空中监控，摧毁远距离目标，或执行其他战术任务。例如，美国军方使用的"捕食者（Predator）"无人机就是一个明显的例子，它装备了红外线和雷达系统，能够进行长时间的飞行，执行精确的打击任务。

在灾难响应方面，特种应用无人机在搜索与救援任务中起到了举足轻重的作用。在发生地震、洪水或其他自然灾害后，无人机可以迅速被投入使用，进行灾区的空中摄影和信息收集，帮助救援团队评估灾情，定位受困人员，从而优化救援资源的配置和救援行动的实施。例如，在2015年尼泊尔地震中无人机就发挥了重要的信息收集和灾害评估作用。

科学探索也是特种应用无人机的重要应用场景之一。在极地考察、深海探测等科学研究任务中，无人机承担了大量的数据收集和环境监测任务。例如，使用无人机在南极进行冰盖测量和野生动物监测已经成为当前科学探索的重要手段。无人机可以搭载多种科研装备，在极端的自然环境中飞行，收集关键数据，而无需人类直接面对极端的自然条件，这极大提高了科学探索的效率和安全性。

此外，特种应用无人机在商业和民用领域也展现出了广泛的应用前景。例如，在高压线巡检、桥梁结构检查、大型设施的维护检查中，无人机可以提供一个高效率、低成本的选择。由于无人机能够接近复杂或高危的结构，获取高清晰度的影像和数据，使得维护和监测工作更加准确和安全。

随着技术的不断进步，特种应用无人机的性能在持续改进，其应用范围在不断扩展。技术的进步不仅包括飞行性能的提升和载荷能力的增强，还包含了通信技术的革新和人工智能的融入。通过改进的通信系统，无人机能在更远距离、更复杂环境下稳定操作。而人工智能的加入，则使无人机在执行任务时更加智能化和自主化，能够处理复杂环境下的决策问题。

第三节　当前无人机技术的发展趋势与挑战

一、无人机技术的发展与市场前景

随着科学技术的飞速发展，全球范围内对于无人机的需求正以前所未有的速度增长。市场研究表明，无人机技术的应用领域不断拓展，包括军事、民用及商业等各个层面。预计未来几年内，全球无人机市场将以超过20%的年复合增长率持续增长，究其原因，主要在于无人机技术在执行多样化任务中展现出的高效性和成本效率。

无人机在民用领域的应用如今已经非常广泛，从航拍、灾害监视、农业监控、快递物流到交通管理等，无人机的使用带来了极大的便利和效率。在农业领域，无人机能够进行精准喷药、植保和作物监测，极大地提高了农业生产的效率，减少了人工成本；在快递行业，通过无人机递送小件快递，能够缩短送货时间和降低交通成本。

技术的飞速发展也推动了无人机的性能不断提升。现代无人机不仅在飞行的稳定性、载重能力、续航时间上有了显著进步，而且在智能化程度上也取得了重要突破。

然而，技术与市场的快速发展同样带来了一系列的挑战。在安全性方面，无人机可能遭遇黑客攻击、隐私泄露等安全问题；在管理方面，各国对无人机的飞行规则和标准尚不统一，这对于跨国运营的无人机企业来说是一个不小的障碍。此外，随着无人机数量的增加，空中交通管理也成为了一个亟须解决的问题。

面对这些挑战，一些国家和地区已经开始制定或完善相关法规，以加强对无人机活动的监管。同时，无人机制造商也在积极探索更先进的技术解决方案，如改进的通信系统、更加精准的位置服务以及更为高效的管理平台，以提高无人机的运行效率和安全性。

环保和能源效率也成为未来无人机发展的一个重要方向。电动无人机因其清洁、低噪声的特性，正逐渐成为市场的新宠。这类无人机不仅减少了对化石燃料的依赖，还有助于降低大气污染，与全球节能减排的趋势相契合。

市场对无人机的需求也在不断细分、个性化。消费者期望无人机能够具备更多的定制化功能，如特殊的摄像头配置、特定环境下的操作优化等，这对无人机的设计和制造提出了更高的要求。无人机制造商需要不断地研发新技术，推出符合特定需求的产品，以满足市场的多样化需求。

在国防和安全领域，无人机的角色也越来越受到重视。无人机在执行侦察、监视、打击等任务时显示出了其他装备难以比拟的优势。国家安全需求的增加推动了军用无人机技术的发展，同时也带动了相关产业链的发展。

二、智能化与自主性技术进展

无人机作为现代科技与创新应用的典型代表，其发展速度和应用领域都在不断扩展。特别是在智能化与自主性技术方面，无人机已经从简单的遥控或预设程序操作，逐渐演进到具备高级决策、自适应环境变化和自我学习的能力。这种技术进展不仅极大地推动了无人机的应用范围，同时也提出了新的研究与发展挑战。

智能化与自主性是现代无人机技术发展的核心。智能化主要指无人机系统能够进行自我学习和决策，这依赖于人工智能和机器学习技术的融合，使无人机能在无人直接控制下完成复杂任务。例如，通过深度学习技术，无人机可以识别不同的地形与障碍物，自动规划最优飞行路径。此外，智能化还能使无人机在执行搜救、监视和农业喷洒等任务时，根据实时获取的数据自动调整作业策略，提高作业效率和安全性。

自主性技术的进步，则使无人机在执行任务时不再依赖于外部控制系统的即时指令。

无人机可以根据预设目标进行自主导航和飞行，而无需人类的持续干预。这一能力的提升，依托于导航系统、传感器技术以及实时数据处理能力的不断优化。例如，使用全球定位系统（GPS）和惯性导航系统（INS）复合导航方式，可以显著提高无人机在复杂环境中的定位与导航精度。

在智能化和自主性技术的推动下，无人机可以更有效地进行地形测绘、环境监测、交通管理、公共安全等领域的任务。它们能够在无需人工干预的情况下，完成多飞机协同、避障规避、目标识别等复杂操作，极大地解放了人力资源，降低了操作风险。

然而，技术的进步也带来挑战，如何确保无人机在完全自主操作时的安全性与可靠性是当前研究的重点之一。技术问题包括如何在失去GPS信号的情况下，通过视觉或其他传感器保持稳定飞行，如何在不同的气象条件下调整飞行策略以应对可能的环境变动。此外，自主系统的决策机制需要能够全面评估复杂环境因素，以确保决策的合理性和前瞻性。

从伦理和法律角度看，智能化和自主性的提高同样引起了广泛关注。例如，无人机的隐私权问题、在无人机出现故障或造成事故时的责任归属问题等，都需要通过法律法规来明确界定。因此，随着无人机技术的不断进步，相关的法律法规也需同步更新，以确保技术发展与社会法制的和谐统一。

科技的发展总是为了更好地服务于人类社会。在智能化与自主性技术日益成熟的今天，无人机技术的未来发展方向，应当更加注重如何通过技术创新来解决实际问题，同时确保技术的安全性和伦理性。随着无人机技术的进一步发展和普及，未来无人机将成为智能科技领域的重要成员，其广泛的应用前景值得期待。

三、电池续航与能源效率的挑战

无人机在军事、商业和民用领域的广泛应用推动了相关技术的飞速发展，其中电池续航与能源效率无疑是制约无人机性能提升的重要因素之一。当前无人机多使用锂电池作为动力源，这种电池虽然具有较高的能量密度，但其续航能力仍然难以满足长时间飞行的需求。此外，电池充放电循环的寿命及其在极端环境下的性能表现也是技术发展中需要克服的障碍。

在无人机的电池续航问题上：一方面需要从电池材料和电池管理系统（BMS）上进行技术创新。目前，学术界和工业界都在探索使用更高能量密度的电池材料，如锂硫电池、固态电池等。这些新型电池材料预计能显著提高无人机的续航时间。然而，这些材料的稳定性、成本和可靠性等问题还未完全解决，仍需进一步的研究与开发。另一方面，智能电池管理系统的开发也是提升电池性能的关键。通过精确的电量管理和健康监测，可以最大限度地发挥电池的性能，延长其使用寿命，同时保证无人机的安全飞行。

能源效率方面，无人机设计者需要在无人机的设计与结构优化上下功夫，在减轻无人机重量的同时提高其空气动力学效率是提升能源效率的有效途径。例如，通过使用更加轻质的材料和更为精简的设计可以有效减轻无人机的重量，而优化的机翼和螺旋桨设计可以减少空气阻力，从而降低能耗。现代计算流体力学（CFD）的应用使得无人机的空气动力性能优化成为可能，通过模拟和测试，设计师可以预见不同设计方案的性能，以选取最佳方案。

此外，在操作策略上的优化也是提升能源效率的有效手段。例如，通过路径规划和任务调度算法的优化可以减少无人机在执行任务时的无效飞行时间和距离，从而减少能源消耗。学界和业界正在开发基于人工智能技术的自适应飞行控制系统，这种系统能根据实际飞行环境动态地调整无人机的飞行模式和速度，实现能源的最优消耗。

然而，电池技术和能源效率的提升不仅仅是技术问题，还涉及经济和环境等多重因素。例如，在新型电池材料的研究与开发中，成本控制和材料来源的可持续性是必须考虑的问题。同时，电池的回收和再利用也是解决电池影响环境问题的关键环节。

四、安全性与隐私法规环境

在探讨无人机技术的安全性与隐私法规环境时，我们面临两大主要问题：一是如何确保无人机的使用不会对公众安全构成威胁，二是如何保护个人隐私不受无人机潜在滥用的影响。无人机作为一种技术创新，其应用范围广泛，包括军事、商业、科研和娱乐等多个领域。随着技术的飞速发展，相关的法律法规却往往滞后于技术进步，这就导致了一系列的安全与隐私问题。

安全性问题主要关注无人机可能带来的物理伤害和操作错误。无人机的适用环境复杂多变，一旦失控或操作不当，可能会伤害到无辜的民众或造成其他形式的安全事故。例如，无人机在飞行过程中若突然失控，可能会撞击到高速公路上的车辆，甚至可能与商用航班发生危险的接近，这类事件已在全球范围内多次发生，引起了广泛关注。因此，确保无人机的操作安全，防止无人机成为公共安全的威胁，是制定相关法规的重要考量。

隐私问题则主要集中在无人机可能对个人隐私权的侵犯上。无人机通常装备有摄像头和其他监视设备，这使得它们可以在不被察觉的情况下进行录像或摄影。在没有适当法规的情况下，这种技术很容易被用于侵犯个人隐私，比如偷拍私人场所或监视个人行为。此外，收集的数据如果未经过严格管理，可能会被非法访问或滥用，这进一步加大了隐私泄露的风险。

对于这两个问题，各国政府和国际组织已经开始制定一系列法规和标准来对无人机的使用进行限制。例如，美国联邦航空管理局（FAA）制定了关于无人机飞行高度、飞行区域、飞行时间等方面的严格规定，并要求无人机操作者必须通过认证考试。这些法规旨在减少无人机对公共安全的威胁。在隐私保护方面，欧盟在其通用数据保护条例（GDPR）中增加了对使用无人机收集个人数据的管控，要求数据处理者必须采取合理措施保护个人数据安全，以及明确告知数据被收集及使用的目的。

然而，即便存在上述规定，实际执行和监管仍面临挑战。由于无人机技术不断进步，现有法律法规可能很快就会不满足要求。此外，不同国家和地区在无人机法规的制定上存在差异，这为国际间的无人机管理带来了困难。例如，一些国家可能允许无人机在未经许可的情况下进行商业摄影，而其他国家则可能对此有严格限制。

因此，为了更好地解决这些问题，需要国际社会合作，制定统一的国际标准和法规。同时，也需要加大对无人机技术的研究，开发更为先进的安全技术，如改进无人机的自主飞行和避障能力，增进无人机的稳定性和可靠性。在隐私保护方面，技术手段也应用于确保收集的数据得到有效的管理和保护，防止数据被滥用。

五、跨领域集成与多模态操作的复杂性

随着技术进步，无人机不再仅仅是单一功能的应用平台，而是逐渐发展成为可以执行多种任务的复合系统。这种转变涉及多种技术的综合应用，包括机器视觉、人工智能、机械工程、通信技术等多个领域的深度融合，为实现更加智能和自主的操作提供可能。

跨领域技术集成首先要面对的是不同技术之间的兼容问题。各个技术领域有着不同的发展背景和应用逻辑，如何在不牺牲各自独立性的前提下实现有效融合，是技术开发中的一大难题。例如，机器视觉系统要与无人机的飞控系统无缝衔接，需要在软硬件层面进行大量的自定义开发工作。这不仅增加了研发成本，也对技术人员的综合素质提出了更高要求。

多模态操作的复杂性在于它要求无人机能够在多种环境下执行多种任务。传统的无人机多为特定用途设计，如仅用于影像拍摄或简单的货物运输。然而现代无人机系统，如军事无人机或多功能救援无人机，往往需要在执行侦察、监视、通信、物资投放等多种任务时，能够自适应环境变化和任务需求，这就要求无人机系统不仅要有强大的硬件支持，更需要智能化的决策系统来实时处理和响应复杂情况。

此外，跨领域的集成与多模态操作还带来了数据处理的挑战。无人机在执行任务时会

生成大量数据，如视频、图片、传感器数据等，如何实时处理这些数据，提取有效信息，并据此做出快速决策，是提升无人机系统性能的关键。这需要依靠先进的数据处理算法和强大的计算力支持，而这两者的提升也依赖于集成电路、高性能计算、机器学习等多个领域的技术进步。

在安全性方面，跨领域集成与多模态操作也提出了更高的要求。无人机系统的复杂化使得其潜在的安全风险增加，如系统故障、黑客攻击、数据泄露等问题都可能在更复杂的系统中更难以预防和控制。因此，加强无人机系统的安全防护措施，确保系统的稳定可靠运行，是技术开发中不可或缺的一环。

在解决这些挑战的同时，跨领域集成与多模态操作为无人机的应用前景开辟了新的路径。无人机可以在灾害救援、农业管理、环境监测、城市安全等多个领域发挥更加重要的作用。例如，通过集成环境监测传感器与高清摄像头，无人机可以在火灾现场进行实时监控，同时分析环境数据，为救援团队提供精确的实时信息支持。

第二章

无人机动力学建模基础

第一节 坐标系与运动学方程

一、坐标系统的定义与分类

无人机系统中，通常涉及两类主要的坐标系：全球坐标系（也称为惯性坐标系）和机体坐标系。全球坐标系提供了一个固定的参考框架，通常与地球固定相关，并常用于描述无人机相对于地面的位置。机体坐标系则固连于无人机本身，随无人机的移动和旋转而变化，主要用于描述无人机上各个部件的相对位置以及外力作用下的动态响应。

全球坐标系通常定义为东北天（East-North-Up, ENU）或北东地（North-East-Down, NED）坐标系。在北东地坐标系中，X轴指向地面的北方向，Y轴指向东方向，而Z轴则是指向地面。相对地，在东北天坐标系中，Z轴将指向空中，反映出上升的方向。这种分类体现了坐标系在表达地理信息时的不同取向，对于无人机的导航系统至关重要，因为它直接影响到了导航算法的选择和实现。

机体坐标系则完全基于无人机本身的布局来设定。在这一坐标系中，通常X轴指向无人机前进方向，Y轴指向右侧，Z轴则指向无人机的底部。机体坐标系允许操作员或控制系统以无人机为中心来计算力和扭矩，方便了控制算法的实施与调整。

在研究无人机的动力学时，不同坐标系之间的转换显得尤为关键。例如，从全球坐标系到机体坐标系的转换需要通过一系列的旋转操作，这些操作通常使用欧拉角或者四元数来表述。这一转换不仅关乎到位置的变换，还包括速度、加速度等动力学量的转换，是进行无人机动力学建模和仿真的基础。

此外，还有一些特定应用可能会使用到其他类别的坐标系，如磁体坐标系，它主要用于处理涉及地磁场的问题，与无人机的航向校准密切相关。无人机在执行复杂任务，如地形跟随、室内导航时，这时坐标系的选用显得尤为重要。

坐标系的正确选择和切换策略对于无人机的稳定控制和准确导航至关重要。在建模与仿真过程中，需要对这些不同的坐标系进行清晰的理解和应用，确保模型的准确性与适用性。由于无人机的动作包括平移和旋转，所以坐标系的管理变得复杂且不可或缺。有效的坐标系统定义和分类，不仅可以帮助理解无人机的动力学行为，也可以支持开发更为精确和高效的控制策略。

二、无人机运动学描述

无人机的运动学描述是理解和无人机动力学建模的基础环节，涉及如何精确地表达无人机在空间中的位置与姿态以及其如何随时间变化。运动学模型是描述无人机如何移动，而不考虑这些移动的原因（例如推力或者外力）。

在进行无人机运动学描述时，首要任务是定义合适的坐标系。通常，无人机运动学分析中常用的坐标系统包括地面坐标系（也称为惯性坐标系）和体坐标系（机体坐标系）。地面坐标系固定于地面，通常用来描述无人机相对于地面的位置和导航。体坐标系则固定于无人机本体，用以描述无人机的姿态以及相对于本体的运动。

运动学方程可以通过时间的函数来描述无人机在这两个坐标系中的运动状态。无人机的位置可以通过地面坐标系中的位置矢量来描述，而姿态常通过欧拉角（偏航角、俯仰角和横滚角）或者四元数来描述。此外，无人机的线速度和角速度也是描述其运动状态的重要参数，通常在体坐标系中给出。

无人机的运动学方程可以分为两类：平移运动方程和旋转运动方程。平移运动方程描述了无人机质心相对于地面坐标系的位置变化，其基本表达形式为位置矢量的时间导数等于速度矢量，速度矢量的时间导数等于加速度矢量。这些加速度通常由飞行控制系统产生的控制输入和其他外部作用力（如风力）决定。

旋转运动方程描述了无人机的姿态变化。一般情况下，无人机的姿态变化可以通过角速度来描述，角速度即无人机在各自轴向上的旋转速率。在机体坐标系中，无人机的角速度与时间导数的欧拉角直接相关。通过求解角速度的积分，可以得到无人机姿态的时间变化。这个过程涉及复杂的数学运算，尤其是在考虑到三维空间中旋转运动的非线性特性时。

为了便于分析和控制，无人机的运动学模型常被简化。例如，忽略小幅度的运动扰动，仅考虑主要的运动趋势。然而，这种简化虽然减少了计算的复杂性，但可能会忽视一些关键的动态特性，这在设计高精度控制系统时尤需注意。

在无人机飞行控制与导航系统的设计中，运动学模型是基本且核心的部分。准确的运动学模型能使控制系统更加精确地预测无人机的未来位置和姿态，从而实现更加精确的路径跟踪和障碍避免。同时，高级的模型如概率运动学模型还可以评估环境不确定性对无人机运动的影响，进一步增强无人机系统的鲁棒性。

运动学模型的建立和分析是无人机系统研究中不可或缺的一环，不仅对于系统的设计和评估至关重要，也是无人机技术进一步研究与发展的基石。通过这些模型，研究者和工程师能够深入了解无人机的动态行为特性，优化其设计，提升其性能，实现在复杂环境中的稳定、可靠飞行。

三、欧拉角与四元数

欧拉角和四元数是描述物体在三维空间中方向的两种不同方法，它们广泛应用于无人机的动力学建模和控制系统设计中。在研究无人机建模与控制时，准确表达及计算无人机的姿态是十分关键的，欧拉角和四元数为我们提供了有效的工具。

欧拉角是通过三次旋转将参考坐标系转变到目标坐标系的方法。具体来说，无人机的姿态可以通过围绕三个正交轴的顺序旋转来达到，这三个轴通常是绕着Z轴（偏航），X轴（俯仰）和Y轴（滚转）。通过这三个轴的旋转，可以描述无人机在三维空间中任何可能的方向。然而，使用欧拉角表示法时有一个众所周知的问题——万向锁，即在某些特定的姿态下，比如俯仰角接近±90°时，会失去一个自由度，导致姿态描述上的不唯一性和计算上的困难。

针对欧拉角的这些限制，四元数提供了另一种解决方案。四元数是一种扩展的复数系统，用于在三维空间中表示旋转。一个四元数由四部分组成，包括一个实数部分和三个虚数部分，通常表示为四元组(q_0, q_1, q_2, q_3)。四元数的一个显著优势是在三维空间中的旋转不会引起万向锁问题，并且在进行多次旋转计算时，四元数的数学操作通常比欧拉角更为简洁和高效。

对于无人机建模和控制系统设计而言，使用四元数而非欧拉角可以更有效地避免计算中的奇异性，并提高旋转计算的稳定性和精确性。此外，四元数在表达复合旋转时具备天然的优势，可以通过四元数的乘法直接获得最终的旋转结果，而无需像使用欧拉角那样进行多次三角函数运算，这在实时计算高度动态变化的无人机姿态时尤为重要。

然而，四元数虽有诸多优点，但其物理意义不如欧拉角直观。在实际应用中，通常需要将四元数转换为欧拉角才能更容易被人理解和使用。这种转换涉及四元数与欧拉角之间的数学关系，虽然转换过程需要一定的计算，但可以利用现有的数学公式和算法来实现。

在无人机的动力学建模中，设计者通常需要根据具体的应用场景和性能要求来选择使用欧拉角还是四元数。例如，在对控制系统的精确性和计算复杂度要求较高的应用中，更倾向于使用四元数；而在需要直观理解和表达无人机姿态的情况下，则可能选择使用欧拉角。

四、速度与加速度运动方程

无人机的速度与加速度运动方程是无人机动力学建模的基础之一，它们描述了无人机在飞行过程中速度和加速度的变化规律。这些方程对于理解和控制无人机的运动状态至关重要，尤其是在复杂动态环境下进行精确的飞行操作和路径规划。

在无人机的运动学中，坐标系的选择对于方程的建立具有基础性的影响。通常，无人机的运动学分析会采用地面坐标系（或称为全球参考坐标系）和机体坐标系。在地面坐标系中，无人机的位置和运动可以相对于地面静止点进行描述。而在机体坐标系中，坐标原点设在无人机的质心，坐标轴与无人机的主体方向对齐，这有助于描述和分析无人机相对于自身姿态的运动。

速度是无人机位置变化的描述，而加速度则是速度变化的描述。在运动学方程中，无人机在某一瞬间的速度可以通过其位置对时间的一阶导数来表达，即矢量速度 $v=r'$，其中，r 代表无人机的位置矢量。对速度矢量进行再次求导得到的是加速度矢量 $a=v'=r''$，描述了速度的变化率。

在理解这些运动方程时，需要考虑到无人机飞行的动力学特性。例如，在水平飞行中，无人机的加速度受到推进力的驱动和空气阻力的制约。而在垂直方向上的加速度或减速可能涉及重力和升力的平衡。因此，无人机的速度与加速度方程需要结合合力的分析来建立。力的作用不仅仅改变速度的大小，也会引起速度方向的变化，这在进行三维空间导航和复杂机动时表现得尤为重要。

加速度方程中还包括了角速度和角加速度的成分，这些因素对无人机的姿态控制和稳定性有直接影响。在无人机控制系统中，通常需要通过调整四轴（或多轴）的转速来实现对姿态的精细控制，这直接关联到了机体坐标系下的角速度和角加速度参数。

从数学建模的角度来看，无人机的速度与加速度方程往往涉及复杂的微分方程和矩阵运算。在实际应用中，如何精确求解这些方程，并将解算结果应用于飞行控制系统的设计与优化，是无人机研究中的一个关键技术难题。此外，无人机系统的非线性特性及其在复杂环境下的交互作用，如风速的变化、空气密度的差异等，也需要在模型中被考虑。

为了提高无人机的操作性能和安全性，开展速度与加速度运动方程的研究不仅需要深厚的理论基础，还需要高水平的实验和仿真技术支撑。模型的验证和优化通常需要与真实飞行数据进行对比，以确保模型的准确性和实用性。

通过对无人机的速度与加速度运动方程的研究，可以更好地理解和预测无人机在各种飞行条件下的性能表现，对于无人机的设计、控制策略的制定及飞行安全的保障都具有重要的意义。这一研究领域的进展，也有助于推动无人机技术向更高的自动化和智能化水平发展。

五、坐标变换与其数学模型

在无人机建模与控制的研究中，坐标变换与其数学模型是理解和实现精确控制的基础。无人机的飞行控制系统需要精确地描述和处理无人机在三维空间中的位置和姿态，这就涉及坐标系的选择和运动学方程的建立。坐标变换在这一过程中扮演了关键的角色，它使得从一个坐标系到另一个坐标系的转换成为可能，从而为动力学分析和控制系统设计提供了方便。

坐标系通常分为两类：全局坐标系和局部坐标系。全局坐标系（也称为惯性坐标系）通常是固定不动的，提供一个参考点来描述无人机相对于地球的位置。而局部坐标系则通常固定于无人机本身，随无人机的移动而移动，用来描述无人机的姿态和方向。这两种坐标系各有用途，了解它们之间的关系对于无人机的控制至关重要。

坐标变换的数学模型主要涉及矢量和矩阵的运算。在数学上，坐标变换可以通过一系列的旋转和平移来实现。旋转可以通过旋转矩阵来描述，而平移可以通过加上一个矢量来实现。例如，若无人机从一个姿态变换到另一个姿态，可以通过将初始姿态的坐标矢量乘以一个旋转矩阵，然后加上一个平移矢量来完成。

旋转矩阵是正交矩阵，且其行列式等于1。在三维空间中，一个常见的旋转矩阵是围绕一个轴（例如x轴、y轴或z轴）的旋转，这可以由欧拉角来描述。欧拉角是三个角度，表示绕三个主轴的序贯旋转。在应用中，常常需要将欧拉角转换为一个完整的旋转矩阵，这个过程涉及三角函数的使用，从而构建出描述旋转的3×3阶矩阵。

除了旋转矩阵，四元数也是描述空间旋转的一种非常有效的工具。四元数提供了一种比旋转矩阵更为简洁和不受万向锁限制的方式来表示三维旋转。四元数由一个实部和三个虚部组成，可以将其看作是在四维空间中的一个点。四元数在无人机控制系统中尤其有用，因为它们可以直接用于插值和动态方程的集成，从而简化计算并提高数值稳定性。

了解和应用坐标变换的数学模型，不仅仅是为了处理简单的旋转和平移问题，它在处理复杂动态、实现精确控制以及进行路径规划等多种任务中都至关重要。无人机系统中通常会实时计算和更新坐标变换，以确保控制系统的输入与无人机的实际状态匹配。正确的坐标变换处理，可以显著提高无人机的操作精度和任务执行效率。

六、隐式与显式运动方程

无人机在进行飞行控制和运动规划时，需要对其运动学和动力学进行准确的建模。在无人机动力学模型中，坐标系的选取和运动学方程的建立尤其关键，这直接影响到控制算法的设计与实现。运动学方程描述了无人机各组成部分在空间中的位置、速度和加速度之间的关系，通常分为显式和隐式两种形式。

显式运动方程直接描述了无人机的状态变量（如位置、速度、加速度等）与时间的函数关系。这种方程形式的直观性和易于理解的特点使其在简单系统的建模中非常常见。例如，如果可以直接获得无人机的位置表达式作为时间的函数，那么通过对时间进行求导即可得到速度和加速度，这些都是显式表达的。

相比之下，隐式运动方程则提供了一种不直接求解系统状态而是通过关系式来定义系统状态的方法。在无人机建模中，这通常涉及系统的约束条件。例如，无人机的动力系统可能受到能量供应的限制，或者其运动可能受到环境因素的制约，如风力、阻力等。隐式方程常表现为一些条件式，如微分方程、积分方程或其他形式的关系式，需要通过求解这些方程组来间接确定无人机的状态。

在实际操作中，显式和隐式运动方程各有优势和局限。显式方程因其形式直接、简明易懂，在问题简单或直接的情形下非常适用，对于初步的系统分析和快速验证非常有效。然而，在处理更加复杂或者受约束的无人机运动系统时，显式表达可能变得非常困难甚至不可能。这时，隐式方程的优势就显现出来了。隐式方程能够更好地处理系统内在的复杂性和多变性，如动态约束、非线性关系等，这在复杂控制策略如非线性控制、最优控制等领域尤为重要。通过隐式方程，设计者可以在模型中包含更多的物理现实和约束条件，使模型更加贴近实际操作的需求。

无论是显式还是隐式方程，一旦建立了合适的数学模型，接下来就需要采用适当的数值方法进行求解。显式方程通常可以直接通过解析方法求解或者使用标准的数值积分方法求解。而隐式方程因其可能涉及更复杂的约束和关系，求解往往需要更为复杂的数值计算，如牛顿法、迭代法等，甚至可能需要借助于专门的软件工具完成。

在设计无人机的控制与规划系统时，理解显式与隐式运动方程的区别和各自的适用场景是非常重要的。正确地应用这些基本概念和方法能够有效提升无人机系统的性能和可靠性，以及适应不同的飞行任务和环境条件。因此，无人机的研究者和工程师需要深入掌握这些理论知识，并在实际工作中灵活应用，以确保无人机系统的最优性能和稳定性能够得到充分发挥。

七、误差分析与误差传播

对于无人机来说，准确地预测和控制其位置和姿态至关重要，这要求在建模阶段就精确处理误差问题。

坐标系与运动学方程提供了无人机运动的数学描述。在这个基础上，误差分析首先对无人机系统在不同操作环境下可能遇到的误差源进行识别。这些误差源包括但不限于传感器误差、执行机构延迟、外部环境影响（如风力和气温变化）以及数值计算误差等。

细致地分析这些误差源后，误差传播分析成为必需，这是因为系统的初期误差会通过动力学方程在时间演化过程中传播，并可能被放大。这种误差的传播通常通过动态系统的状态传递方程来描述。状态传递方程讲述了系统状态如何从一个时间步迁移到下一个时间步。对于线性系统，误差传播可以用线性方程描述，但对于非线性系统，如无人机动力学系统，误差传播分析变得更为复杂。

误差传播不仅仅涉及单步的状态迁移，它还涉及在整个运动过程中，如何处理因模型简化或外部扰动引入的累积误差。设计无人机控制系统时，应考虑如何通过控制策略来补偿这些误差，确保无人机的运行效果与预设目标尽可能一致。例如，从控制理论中常用的观测器设计到高级的自适应控制策略，都是为了识别、估计和补偿这些误差。

在进行误差分析时，常用的方法包括统计误差分析、灵敏度分析和蒙特卡洛模拟。统计误差分析依赖于错误数据的概率分布，通过这种方法可以估计无人机在给定置信度下的性能边界。灵敏度分析帮助确定系统输出对各种输入误差的敏感度，从而指导设计更为鲁棒的控制系统。蒙特卡洛模拟通过多次迭代计算在不同随机输入误差下的系统响应，来评估误差对系统性能的影响。

控制系统的设计也必须考虑误差的特性。例如，滤波技术，如卡尔曼滤波，被广泛应用于误差的预测和修正中。卡尔曼滤波是一种优化算法，可以在存在噪声的系统中估计动态变量的状态，有效抑制由测量噪声和外部扰动引起的误差。

软件和硬件的设计必须并行发展以有效管理误差。一方面，软件工具如实时操作系统和高性能的数据处理算法需优化以支持快速有效的误差校正；另一方面，硬件的选型与设计也应着重考虑其稳定性和精确度，以减少系统固有的误差。

最终，推行高标准的测试和验证程序是确保误差控制策略有效性的关键步骤。通过实地测试以及模拟环境中的压力测试，可以系统地识别和缓解在实际操作环境中可能遇到的问题，从而确保无人机系统的可靠性和性能达到设计指标。

第二节　动力学方程的建立

一、基础理论及假设

无人机动力学模型的建立是其控制系统设计的基础，该过程通常基于一系列基础理论和假设。这些理论和假设对于简化模型的复杂性、确保模型的实用性和可操作性至关重要。本节将详细介绍无人机动力学方程建立中采用的基础理论及相应的假设，并探讨这些理论和假设如何支持无人机的动力学建模和分析。

无人机的动力学模型通常基于牛顿-欧拉方程来描述。牛顿-欧拉方程结合了牛顿第二定律和欧拉角动量定律，适用于刚体的运动分析。无人机作为一个质量集中且具有刚性的飞行器，在空中的位移和旋转可以用牛顿-欧拉方程来充分描述。该方程不仅可以模拟无人机的线性位移，还可以模拟其在三维空间中的旋转动作。

在应用牛顿-欧拉方程建立无人机动力学模型时，通常需要引入以下假设：第一，无人机被视为一个刚性整体，忽略其结构在飞行过程中的弹性形变。这意味着所有的结构变形、振动或应力集中都不被考虑在内，从而简化了问题的处理。第二，假定无人机的质心与其几何中心重合，此假设简化了质量分布的计算，并使得质心位置的确定更加直观。第三，假设无人机不受外界风力干扰或者风力影响可以忽略。虽然在实际操作中，无人机往往会受到风力的影响，但在初步建模阶段，忽略这一影响可以减少模型的复杂度，便于分析无人机的基本性能。

此外，动力学模型的建立还涉及力的表达和应用。无人机在飞行过程中，推进力、重力、气动力以及其他可能的外力共同作用于无人机。在模型中通常将这些力简化表示，并假设它们在无人机的质心上作用。推进力是由无人机的螺旋桨产生，指向垂直于旋翼旋转平面的。气动力则涉及复杂的流体动力学计算，通常需要根据实验数据或经验公式进行估算。

在动力学建模过程中，常常假设无人机的飞行环境是一个理想环境，即空气密度均匀，没有温度和压力的梯度变化。这一假设虽与现实有所偏差，但可以有效地排除环境因素对模型的干扰，使得模型更集中于研究无人机本身的动力特性。

动力学方程的数学表达和求解是无人机控制算法设计的关键。在假设的基础上，通过应用牛顿-欧拉方程，结合无人机的设计参数如质量、惯性矩、螺旋桨特性等，可以得到描述无人机运动状态的一组非线性微分方程。这些方程不仅反映了无人机在空间中的位置和姿态变化，还能够表达出由控制输入（如电机转速）导致的状态变化。

理解并应用这些基础理论和假设，对于无人机系统的研究者和开发者来说是构建高效、可靠飞行控制系统的前提。通过逐步解析这些理论的成立基础和应用条件，研究者可以更好地把握无人机动力学建模的精髓，为无人机的设计优化和任务执行提供理论支持和技术准备。

二、牛顿 - 欧拉方程应用

牛顿-欧拉方程结合了牛顿第二定律和欧拉运动定律，为描述和分析无人机的动态行为提供了一个强有力的数学模型。下面介绍牛顿-欧拉方程在无人机建模中的应用，并探讨这些方程如何帮助研究无人机的运动和控制。

牛顿-欧拉方程主要用于刻画刚体的运动，特别是在六自由度（三维空间中的位置和姿态）的动力学分析中尤为关键。这套系统方程从基本的牛顿运动定律出发，表达了在特定坐标系下，刚体受力与由此产生的加速度之间的关系。它不仅涵盖了线性运动，也同样适用于角动量和旋转动作的分析。

对于无人机来说，其动力学模型需要精确地描述无人机在受到外部力和力矩作用下的运动状态。牛顿-欧拉方程提供了求解无人机在飞行过程中各个阶段对应力和力矩的依据。在实际应用中，无人机的动力学模型通常包括重力、推力、空气阻力和其他可能影响无人机运动的环境力量。

牛顿-欧拉方程的核心是两个基本部分：线性方程和角动量方程。线性方程部分负责描述无人机的质心位置和速度如何随时间变化，而角动量方程则解释了无人机如何围绕其质心旋转。在实际建模时，需要根据无人机的具体特性和飞行状态来设定和调整这些方程中的参数，如飞行速度、质量分布、外部力等条件。

在建立动力学方程时，首要任务是确定适合的坐标系。对于无人机动力学来说，通常采用地面固定坐标系和机体固定坐标系，这两种坐标系有助于分清无人机相对于地面的运动和无人机本身的运动。地面固定坐标系帮助观察无人机的航迹和位置变化，而机体固定坐标系则便于分析无人机的姿态和受力情况。

在运用牛顿-欧拉方程进行无人机建模时，通常需要先通过实验或理论分析获得无人机的质量、质心位置、转动惯量等基本物理参数。接着，根据这些参数和外界环境条件，使用牛顿-欧拉方程导出无人机在不同操作条件下的运动方程。通过求解这些运动方程，可以预测无人机在各种控制输入和环境影响下的行为。

牛顿-欧拉方程的实际应用也需要考虑到无人机系统可能的非线性特征和复杂的动态环境，如突风、温度变化和机械振动等。因此，在建模过程中，系统的鲁棒性和适应性也是必须关注的重点。通过高精度的数值方法和先进的模拟技术，可以有效地对无人机的动力学模型进行验证和优化。

三、外力与外矩分析

无人机的动力学建模是其控制系统设计的核心之一，而外力与外矩的准确分析则是动力学建模的关键步骤。它们直接影响到无人机的飞行性能和稳定性。无人机在飞行过程中会受到多种外力和外矩的作用，这些力和矩来源于无人机的外部环境以及自身的运动状态。

在外力的分析中，重力是最基本的力。对于地面站定点的无人机而言，其所受的重力与地球的引力场有关，方向垂直向下，大小等于无人机质量与重力加速度的乘积。此外，推进力也是影响无人机动力学的重要外力，它是由无人机的发动机或螺旋桨产生的，主要用于克服空气阻力并提供升力和前进力。

外力的另一重要组成部分是空气动力学力，包括升力、阻力和侧力。升力主要由无人机翼面对流动空气的作用产生，用于克服重力的作用，使无人机能够维持在空中或改变飞行高度；阻力则是流体对无人机运动的阻碍力，其大小和方向与无人机的速度矢量呈反方向；侧力主要在无人机的侧滑或转弯时产生，它对无人机的航向稳定性有重要影响。

外力的分析还需要考虑环境因素，如风力。风力可以从任何方向作用在无人机上，改变其速度和方向，对无人机的航迹和姿态稳定都会产生影响。因此，正确估算风力的大小和方向对于无人机的动力学建模和飞行控制非常关键。

外矩分析是研究无人机在外力作用下产生旋转或倾斜的动力学行为。主要的外矩包括由空气动力学力引起的升力矩、阻力矩和侧力矩，以及由于重力和推进系统产生的扭矩。这些矩会导致无人机绕其质心的横轴、纵轴和垂直轴产生滚转、俯仰和偏航运动。

滚转矩是由于升力在翼尖产生的力矩不平衡引起的，俯仰矩主要是由于升力和重力中心不在同一垂直面内而产生的，偏航矩通常由于侧力或不对称的推进力产生。对这些运动矩的分析对于理解无人机的稳定性和控制响应尤为重要。

在动力学建模过程中，需要通过解析力学和牛顿-欧拉方程来建立外力和外矩的数学模型，这涉及了力和矩的平衡、动量守恒和能量守恒等物理原理。通过这些模型，可以预测在给定的外力和外矩作用下无人机的运动状态和反应，为后续的控制算法设计提供理论基础和参数支持。

有效地分析和外力与外矩建模不仅可以增强无人机系统的理论完整性，还可以极大地提高无人机在复杂环境下的操作效率和安全性。因此，在无人机的动力学研究和实际应用中，外力与外矩的分析是一个不可忽视的重要环节。通过对这些力和矩的深入分析和精确计算，可以显著提升无人机的性能和适应性，满足更多的应用需求。

四、状态空间模型表示

状态空间模型是一种数学框架，用于描述具有输入、输出和状态变量的动态系统。在无人机动力学建模中，状态空间模型提供了一种有效的方法来表达无人机的运动和控制特性，它能够简洁地描述系统的全部动态。该模型不仅包含了系统的物理特性，而且整合了外部控制输入对系统状态的影响，从而为无人机的控制策略设计和性能分析提供了重要的理论支持。

在建立无人机的状态空间模型时，通常会将系统的动态方程转化为一阶微分方程的形式。无人机系统中通常涉及的状态变量包括位置、速度、姿态角等，而控制输入可能是螺旋桨的转速、舵面的角度等。模型中的每一个状态变量都是时间的函数，且它们的变化受到系统方程和控制输入的共同作用。

在动力学方程的框架中，无人机的状态可以完全通过一组状态变量和一组输入变量来描述。例如，如果一个无人机的运动可以被其位置和速度完全描述，那么这些变量就组成了状态空间中的状态矢量。在状态空间模型中，状态矢量的时间导数（即状态矢量的变化率）可以通过系统的动力学方程计算得出。

动力学方程本质上反映了无人机质心的加速度与作用在无人机上的力和力矩的关系。因此，在状态空间模型中，这些动力学关系通常表示为对状态矢量的线性或非线性函数，以及对控制输入矢量的依赖。通过这种方式，状态空间模型能够精确表示出控制输入如何影响无人机的状态变化。

系统动态的完整描述还需涉及输入矩阵和输出矩阵。输入矩阵描述了每个控制输入如何影响各个状态变量，而输出矩阵则确定了系统输出与状态变量及控制输入之间的关系。在实际应用中，无人机的输出通常包括导航数据、传感器读数等，这些都是对无人机性能进行评估和控制的关键数据。

除了基本的状态空间表示外，还需要考虑各种实际因素，如非线性特性、扰动影响和噪声干扰等。这些因素往往使得实际的系统模型更为复杂，但是通过适当的数学工具和模型简化技巧，可以实现对无人机动态行为的准确预测和控制。在进行模型设计时要详细分析无人机的具体特性及其对模型影响的具体情况，依此来确定模型的结构和参数。

为了验证所建立的状态空间模型的准确性及其在控制系统设计中的应用效果，通常需要通过仿真和实验来进行测试。在模型验证阶段，可以通过与实际飞行数据的比较来评价模型的预测性能。此外，还可以通过设计不同的控制策略，来评估这些控制策略在实际应用中对无人机性能的改进程度。

五、非线性动力学影响因素

在无人机的动力学模型中，非线性特性是必须详细考虑的重要因素之一。非线性动力学是指系统的输出（反应）不是输入（激励）的线性函数。在无人机动力学建模中，非线性因素的存在显著影响了无人机的飞行性能和控制策略的设计。

非线性动力学的影响因素主要来自以下几个方面：

（1）无人机结构及负载的变化。无人机在执行任务时可能会携带不同的负载，或在不同环境条件下遭遇各种结构变形，这些变化都会对无人机的惯性参数产生影响。负载和结构的变化导致的质心位移和质量分布的不均匀，会使得无人机的动力学方程出现非线性特性。

（2）空气动力学效应。无人机在飞行过程中，与空气的交互作用会产生复杂的气动力和气动力矩。特别是在高速飞行或复杂机动飞行中，流体的分离、涡流的产生等非线性效应尤为显著。这些非线性空气动力学效应增加了动力学模型的复杂度。

（3）推进系统的非线性。无人机的推进系统（如螺旋桨、喷气引擎等）本身可能带有非线性特征，如推力与旋转速度的非线性关系，电机控制系统的非线性响应等。这些因素使得推进力的模型化以及其对无人机整体动力学的影响成为一个复杂的问题。

（4）控制输入的非线性影响。无人机的飞行控制系统通常涉及对机械控制组件的操作，如舵面的偏转。这些控制输入的非线性特性（如舵面角度与偏转力的非线性关系）对无人机的动态响应产生重要影响。

（5）系统内部耦合的复杂性。无人机系统内部各组件间可能存在复杂的非线性耦合关系，如推进系统的动态特性与机体气动特性的耦合，控制系统与传感器系统的交互影响等。这些耦合关系的非线性特征使得整个系统的动态行为预测与分析更加困难。

为了精确模拟和预测无人机的飞行行为，动力学模型必须能够准确地反映这些非线性因素的影响。处理这些非线性通常需要采用更复杂的数学工具和分析方法，例如非线性系统理论、混沌理论、非线性控制理论以及模糊逻辑等。此外，进行实验和飞行测试以获得真实的动态数据，也是理解和验证非线性动力学模型的重要手段。

在无人机的设计和控制策略开发中，充分理解和利用非线性动力学的特征，可以显著提升无人机的性能和适应性。例如，通过优化设计可以减少不必要的非线性影响，而合理利用某些非线性特性则可能增强系统的稳定性和响应能力。因此，在无人机动力学建模和控制算法开发中，对非线性动力学的深入研究和应用，是实现高效、可靠无人机系统的关键。

六、线性化处理方法

在无人机动力学建模中，线性化处理方法是一种关键技术，它通过简化非线性系统模型来使设计和分析控制系统变得更加容易管理与实施。

线性化处理方法主要是将无人机的非线性动力学方程转化为线性方程，以便应用线性控制理论进行分析和设计。原理上，线性化是在无人机动态系统的某一工作点或平衡点附近对系统方程进行泰勒级数展开，并忽略高阶项，仅保留一阶导数项（线性项）。这样，原本复杂的非线性系统就被简化为线性系统，使得系统分析和控制器设计变得更为直观和简单。

具体来讲，线性化的第一步通常是选定一个合适的工作点，这一点通常是系统运行的稳态点，例如无人机的悬停或者直线稳定飞行状态。选定工作点后，对无人机系统的动力学方程在此点附近进行局部线性化，这包括计算在该点系统方程的雅可比矩阵。雅可比矩阵是一阶偏导数组成的矩阵，代表了系统在该点附近的最佳线性逼近。

线性化方法的有效性很大程度上依赖于选取的工作点以及无人机系统动力学的特性。如果系统在选定的工作点附近表现出强烈的非线性特性，线性模型可能无法准确地描述系统的动态行为，从而影响控制设计的效果。因此，在实际应用中，工程师需要对多个不同的工作点进行线性化处理，并比较各线性模型的性能，以选取最佳的线性模型。

此外，线性化处理虽然简化了控制系统的设计过程，但也带来了一些限制。首先，由于线性化只是非线性系统在某一工作点的局部近似，因此得到的线性控制器可能仅在工作点附近的小范围内有效。这限制了控制器的应用范围，特别是对于那些在广泛工作范围内运行的无人机。其次，忽略高阶项可能会导致一些重要的系统动态特性被遗漏，尤其是在系统行为高度非线性的情况下。

为了克服这些限制，可以采用多点线性化策略，即在不同的工作点进行线性化，并为每个点设计相应的局部控制器。此外，还可以通过增益调度技术将这些局部控制器平滑地结合起来，形成一个在更宽工作范围内有效的控制策略。增益调度是一种先进的控制策略，它通过根据系统的实时状态调整控制器参数，来适应系统在不同操作条件下的变化。

七、数值模拟与求解方法

无人机的动力学建模是发展有效控制策略和进行准确预测的基础。动力学方程的建立为无人机系统的行为和响应提供了数学描述，而数值模拟与求解方法则是这些方程处理过程中的关键步骤，它们使得研究人员能够通过模拟预测未来的状态变化，优化控制策略，从而提升无人机的性能和安全性。

动力学方程通常包括牛顿-欧拉方程或拉格朗日方程，这些方程结构复杂，涉及大量的非线性项和耦合项，直接求解是极为困难的。因此，数值模拟和数值求解方法就显得尤为重要。数值模拟涉及使用计算机算法来模拟无人机在不同条件下的飞行动态，包括但不限于外部环境因素、无人机本身的质量分布、机构设计等因素对飞行性能的影响。

数值求解方法有多种，包括有限差分法、有限元素法、Runge-Kutta 方法等。每种方法都有其优势和特点，适用于解决一定类型的问题。在无人机建模中，选择合适的数值求解方法是关键，这需要根据无人机的具体模型特征、计算资源和求解精度需求来决定。

有限差分法是一种较常见的数值求解方法，它通过将连续变量离散化，用差分方程近似代替微分方程，从而在离散的点上求解方程。对于时间动态方程，这种方法简单、直观，便于编程实现，但在处理边界条件和非线性高动态系统时可能存在稳定性和精确性问题。

有限元素法则是一种更为复杂的数值方法，它通过将整个计算域划分为有限个小的、形状规则的元素，然后在每个元素上建立局部近似方程，通过求解整个系统的全局方程来获得近似解。这种方法适合于处理复杂的几何边界和材料属性变化，特别适用于结构分析和多物理场耦合问题，但计算量大，求解速度慢。

Runge-Kutta 方法是一种常用的时间积分方法，特别是在求解常微分方程时非常有效。这种方法通过迭代计算更高精度的中间值来提高求解的准确性，适用于动力学问题的时间响应分析。Runge-Kutta 方法的计算复杂度相对较高，但可以有效控制误差，保证数值求解的稳定性与准确性。

在进行数值模拟时，还需要考虑数值稳定性和数值耗散问题。不同的数值方法有不同的稳定性条件。例如，对于显式算法，需要限制时间步长以保持算法的稳定；而隐式算法虽然在时间步长上有更大的灵活性，但计算量较大。数值耗散指的是数值解随着时间稳定性的提高而逐渐偏离真实解的现象，这在高频震荡问题的数值模拟中尤为突出。

第三节　风洞实验与模型验证

一、风洞设计与无人机适应性

在进行无人机的研发和设计中，风洞实验是验证其空气动力学性能的重要环节。其中，风洞的设计与无人机的适应性分析尤为关键，这直接关系到实验数据的准确性以及无人机设计的优化。风洞设计需考虑多种因素，如风洞的类型、规模以及测试条件的模拟能力，而无人机的适应性则涉及其在不同风洞测试环境下表现的一致性和可靠性。

风洞设计首要考虑的是风洞类型的选择。常见的风洞类型有低速风洞、超声速风洞及变压风洞等。对于无人机而言，大多数情况下使用低速风洞足以满足测试需求，因为无人机通常操作在较低的马赫数。在风洞的设计过程中，必须确保风洞的测试段大小能够容纳特定的无人机模型，并保留足够的空间以模拟其飞行环境。此外，风洞的流场均匀性和湍流水平也必须控制在一定的技术指标内，以确保测试结果的准确性。

风洞的风速调控系统也尤为重要，它需要能够精确控制风速，以便模拟无人机实际飞行中遇到的各种风速条件。此系统不仅需要高度的响应灵敏度，还应具备高稳定性，以减小由风速波动带来的实验数据误差。

对于无人机的适应性而言，设计团队需要对无人机的各个构造和功能进行全面的评估。这包含评估其结构的强度与刚度，以确保无人机能在不同风速及气动负载下保持结构完整性。此外，无人机的气动布局应当能够适应不同风洞的流场特性，特别是在处理边界层效应和流体分离问题时更应如此。

实际测试前，进行精确的模型缩放也十分关键。缩放模型需要根据无人机原型的几何、质量及惯性特性精确制作，以确保在风洞测试中获得的数据能够有效地反映真实飞行状态下的气动特性。此过程要求高度精确的工艺支持和深入的流体动力学分析。

在进行风洞实验时，监测和数据采集系统的设计同样不容忽视。这套系统应包括高速摄影机、压力传感器、温度传感器等，它们有助于从多个维度实时监测无人机的性能。这些数据反馈对于无人机设计的优化至关重要，可以帮助工程师及时调整设计方案，提升无人机的性能和可靠性。

风洞实验的成功与否对无人机项目的成败具有决定性影响。因此，风洞的设计以及无人机适应风洞环境的能力是无人机研发过程中不可或缺的一环，对无人机的性能评估起到了桥梁性的作用。从无人机入风洞前的准备到出风洞后的数据分析，每一个环节都需严格执行，以确保最终的飞行器能在实际应用中达到预期的性能标准。通过这样的系统测试与验证，可以显著提升无人机产品的科技含量和市场竞争力。

二、实验准备与安全措施

在进行无人机风洞实验前的准备与安全措施是确保实验顺利进行和保障人员安全的关键环节。此部分将深入探讨在实验前的准备工作，包括实验设计、设备检查及安装，以及飞行前的安全检查。同时，还将讨论实验中的安全措施，如应急预案的制定和执行，旨在为读者提供详尽的操作指南和安全保障措施。

实验前的准备首要任务是明确实验的目的和需求。无人机的飞行性能测试通常需要设定具体的实验参数，如速度、风向和飞行姿态，以及对应的数据记录要求。明确这些参数有助于设计合理的实验方案，并进行相应的仪器和设备选择。例如，选择能够精确测量风速和压力变化的仪器，以及适合无人机尺寸和重量的风洞设备。

设备的检查与安装是实验准备中不可或缺的一环。所有的仪器设备都需经过严格检查，确保其精准性和可靠性。特别是风洞内的各种传感器，它们的准确配置直接关系到实验数据的准确性。此外，无人机的安装位置需根据风洞的特性和实验要求进行合理设置，确保在风洞中的位置能够模拟实际飞行环境，同时也要保证设备的固定方式安全、稳固，防止因振动或其他外界因素引起设备脱落，造成危险。

进行风洞实验时，安全措施的制定和执行是至关重要的。实验过程中，应持续监控无人机和风洞的运行状态，对于任何异常情况，如设备故障或数据异常，都应立即处理，必要时中断实验以检查和维修设备。实验人员应接受专业的安全培训，熟悉所有操作流程和应急措施，如火灾或设备故障时的紧急疏散程序。

另外，实验场地的安全管理也是预防事故的关键。应确保实验场地的通风、照明和消防设施符合安全标准，定期对实验环境进行检查和维护。此外，实验区域应设置明显的安全警示标志，限定授权人员进入，避免无关人员进入实验区域造成干扰或发生安全事故。

在实验完成后，对实验设备进行仔细检查和维护也同样重要。这不仅能确保设备的长期稳定运行，还可以从设备的磨损程度中获取可能的问题和风险，做到早预防、早处理。同时，应归档好每次实验的详细记录，包括实验过程、结果、发现的问题及解决方案等内容，这些记录对未来的实验具有重要的参考价值。

最终，风洞实验的成功不仅依赖于精确的设备和科学的实验设计，更依赖于全面的安全管理措施。通过细致的实验准备和严格的安全措施确保每一次的实验都能够在安全的环境下顺利进行，这对提高实验的有效性和保障人员安全至关重要。

三、实验参数设定

实验参数的精准设定对于获取可靠数据、进行有效分析及最终模型的优化至关重要。这涉及多方面的因素，包括但不限于风速、风向、温度、湿度以及无人机的具体配置等。

风速是风洞实验中最为核心的参数之一，它直接决定了无人机所受的气动力的大小和方向。风速的设定需要根据无人机预期使用的实际飞行环境来确定。一般而言，应覆盖从静风到最高设计风速的全范围，以模拟无人机可能遇到的各种风速条件。此外，风速的增减幅度和变化频率也应事先设定，以便模拟突变气流或阵风等复杂气象条件。

风向同样影响着无人机的飞行性能，尤其是在进行侧风或斜风实验时更为明显。在风洞实验中，可通过调整风洞风向或无人机相对于气流的方位来设定风向，从而研究不同风向条件下无人机的空气动力学行为和飞行稳定性。

温度和湿度也是影响实验准确性的重要环境参数。一些高精度的实验需要在温湿度可控的环境中进行，因为这些因素会影响空气的密度和黏度，从而影响到风洞中气流的特性及无人机表面的气流行为。在设定这些参数时，需要参考无人机实际作业环境的气候条件，确保实验条件尽可能地接近实际飞行环境。

此外，无人机的具体配置包括其尺寸、形状、重量和载荷等，都需要在设定实验参数前详细考虑。这些物理特性直接影响无人机的飞行特性和在风洞中的表现。通过调整无人机模型的这些参数配置，可以更好地模拟不同设计方案对飞行性能的影响，为优化设计提供支持。

在进行实验参数的设定时，还需利用高精度的测量工具和技术来保证实验数据的准确性和可靠性。例如，使用激光测速技术来准确测定风速，使用高精度温湿度传感器来监测实验环境，以及采用精细的力平衡器来测量无人机所受的气动力等。通过这些高科技设备的应用，可以极大地提高实验的数据准确度和重复性。

四、数据采集方法

在进行无人机模型验证的风洞实验过程中，数据采集是一个关键步骤。通过高效且精确的数据采集方法，研究人员能够获得必要的实验数据，以验证无人机动力学模型的准确性和实用性。本节将详细介绍风洞实验中数据采集的若干关键技术和步骤，包括传感器的选择和布置，数据采集系统的配置，以及后续的数据处理和分析技术。

传感器是数据采集过程中的核心，其选择取决于所需测量的物理量，比如速度、压力、温度和力等。在风洞实验中，常用的传感器包括压力传感器、速度传感器、温度传感器和力传感器。压力和速度传感器主要用于测量风洞中的气流特性，温度传感器则监控气流和无人机表面的温度变化，而力传感器则用于测量风的动力效应。传感器应准确布置在无人机模型的关键位置，如机翼、尾翼和机身，以获得全面的动力学数据。

数据采集系统的配置则涉及将这些传感器与数据记录仪连接，并确保数据的准确记录和传输。系统需要有高频率的采样能力，以捕捉快速变化的动力反应。此外，防干扰措施也非常关键，保证实验数据的真实性和可靠性，尤其是在高速气流环境下，电子设备易受到电磁干扰。

在数据采集的过程中，还需要注意时间同步问题。由于多个传感器会同时工作，确保各传感器数据的同步对于后续的数据分析非常重要。此外，为了提高数据质量，还需采用适当的滤波技术，去除数据中的噪声成分。

数据采集完成后，接下来进行的是数据处理和分析。这一步骤包括数据的校正、标定和分析。数据校正是确保数据精度的重要步骤，涵盖了对传感器误差的纠正以及环境因素的补偿。标定则是通过已知的标准或对照实验来验证传感器读数的准确性。数据分析则侧重于从采集到的大量数据中提取有关无人机动力学行为的关键信息，这通常涉及统计分析、信号处理和图形呈现。

对数据进行深入分析后，研究人员可以对无人机模型进行更精确的评估。通过比对实验数据与预先设定的理论模型，可以验证模型的有效性并指出需要改进的地方。此外，实验数据还可以帮助研究人员更好地理解无人机在各种风速和风向条件下的动力学特性。

五、实验结果分析

为了验证理论模型的准确性和适用性，风洞实验成了一个不可或缺的步骤。通过对无人机在控制的风洞环境下进行一系列实验，研究者能够获得关于其气动特性的实际数据，进一步用于理论模型的验证和优化。在风洞实验之后，实验结果的分析是确保模型反映真实世界物理现象的关键过程。

实验结果分析的目的在于从数据中提取有意义的信息，以证实或调整之前的模型假设。分析开始于对实验数据的基础统计分析，包括数据的整合、清洗以及初步的图形展示。这一步骤是理解数据集结构和初步假设测试的基础。

之后，研究者会进行更深入的数据分析，诸如对数据的相关性分析、回归分析等，这些都是为了找出模型中可能存在的不足。例如，通过比较理论预测的气动力与实际测量值之间的差异，研究者可以评估模型在不同飞行条件下的适应性和准确性。这种比较通常涉及复杂的统计工具和分析方法，如误差分析、敏感性分析等。

在实验数据与理论模型有较大偏差时，需要对模型进行调整。这可能涉及模型的结构改变，如参数的重新估计、动力学方程的修改等。在每次调整后，模型都需重新与实验结果进行对比，验证调整的有效性。这是一个迭代的过程，直到模型能够在误差容许的范围内准确预测无人机的行为。

除了验证和调整模型外，实验结果分析还应当指出模型在特定条件下的局限性。无人机的实际飞行环境远比风洞实验复杂，如实际飞行中会遇到突发的气流变化、温度和湿度的影响等因素，这些都是风洞实验难以完全模拟的。因此，即便是经过精细调整的模型也需要在此阶段确认其适用的范围和条件。

最终，实验结果分析不仅仅是对一种模型的验证过程，同时也是对无人机设计本身的反思和改进的过程。比如通过分析，研究者可能会发现某些设计参数对无人机的稳定性和操控性有显著影响。这些发现能够直接指导未来无人机的设计和改进。

通过上述步骤，实验结果分析为无人机的动力学建模提供了一条科学、系统的改进和验证途径。这不仅加深了我们对无人机动力学行为的理解，还推动了更为高效和实用的模型的发展，最终将促进无人机技术的进一步创新和应用。

六、模型验证准则

无人机在执行多种任务时，其动态行为需要极为精确的建模与控制。而风洞实验为无人机动力学研究提供了重要的实验基础，特别是在模型验证过程中扮演着核心角色。在实现这一过程中，确立一套合理有效的模型验证准则是确保无人机模型可靠性与应用成功的关键。

模型验证是指在特定的境况下验证模型预测与实际观察结果的一致性。这一过程不仅涉及模型本身的检验，而且包括使用的数据、模拟方法和解释结果的准确性。为了使模型验证过程系统化，需要设定明确的验证准则，这些准则不仅需要评估模型的预测准确性，还需要评估其适用性、灵敏度和可靠性。

在设定模型验证准则时，首要考虑的是准确性。这包括模型能否精确预测或重现实验数据中观察到的物理现象。通过比对模型计算的结果与风洞实验得到的数据，可以评估模型在不同工况下的表现是否符合预期。准确性的高低直接关系到模型是否能被用于后续更复杂的控制策略设计与分析。

而适用性则评估模型是否能在其设计的应用范围内提供可信的预测结果。例如，一个为低速飞行设计的无人机模型可能不适用于高速飞行条件的预测结果。适用性的评估确保模型不会在超出设计范畴时被错误地应用，从而引发不必要的风险。

灵敏度分析则是评估模型对于输入参数变化的响应度，这在无人机的动力学模型中极为重要。因为实际操作环境中，无人机经常会遇到各种复杂且动态变化的外界因素，如风速的变化。灵敏度高的模型可以帮助设计者理解哪些关键参数会对无人机的飞行性能产生较大影响，进而有针对性地进行优化和调整。

可靠性则涉及模型在长时间或多次计算中保持一致性的能力。一个高可靠性的模型将在多次仿真与实验验证中显示出稳定的性能，保证了无人机在长期使用过程中的安全与效能。

在实施模型验证时，通常需要采用多种技术方法进行综合评估。这可能包括误差分析、统计检验、敏感性分析等。通过这些方法，可以更全面地理解模型在实际应用中的表现及其潜在的局限性，同时也为模型的进一步改进提供了科学依据。

实践中，风洞实验提供的数据是模型验证不可或缺的一环，因为它们提供了模型必需对照的真实性能数据。通过风洞实验，不仅可以获得关于无人机在特定飞行条件下的性能数据，还可以深入分析各种飞行动态，为模型的真实性和可靠性验证提供强有力的实证支撑。

结合准确性、适用性、灵敏度和可靠性这四个核心准则，可以构建一个全面、系统的模型验证框架。这对于无人机动力学模型的研发及其在实际中的应用均有深远的影响，从而推动无人机技术的进一步优化与发展。在未来的研究与应用中，这些验证准将继续作为模型评估和验证的基石，确保无人机系统能在各种复杂环境中安全有效地执行任务。

七、比较研究与优化建议

在进行无人机建模和优化控制的研究中，风洞实验与模型验证环节扮演着至关重要的角色。该环节通过实验数据来验证无人机的理论模型是否准确，同时提供改进模型的依据。此外，对于不同的模型和实验结果，进行比较研究能进一步指导无人机设计与控制系统的优化。

风洞实验是通过在控制环境中模拟飞行条件，来观察和记录无人机在各种风速、风向等条件下的行为。这种实验的主要目的是收集关于无人机气动特性和飞行性能的数据。此数据对于验证无人机的动力学模型至关重要。如果理论模型能够预测实验中观测到的无人机行为，那么该模型就被视为有效。否则，研究人员必须调整模型参数或改进模型的结构。

模型验证过程涉及多个层面的技术和方法论。首要任务是确保风洞实验的设置能够精确地模拟实际飞行条件。这包括调节风洞的风速、温度和湿度等参数，以及确保无人机的安装位置和姿态与实际操作相符。实验中收集的数据需通过严格的数据处理和分析程序，以提取对模型验证有用的信息。

比较研究则是对多个模型或多次实验的比较，从而找出最能准确描述无人机行为的模型。在比较研究中，通常使用统计分析方法来评估不同模型在各种实验条件下的表现。比较的标准可能包括模型的预测精度、计算复杂性，以及模型对于不确定性和外界干扰的敏感性。

除了进行模型的比较研究，优化建议也是风洞实验与模型验证中不可或缺的部分。优化建议主要关注如何改进无人机的设计和控制算法，以增强其在复杂动态环境下的性能。在提出优化建议时，研究者需要综合考虑模型的预测能力、无人机的操作安全性以及成本效益比。

优化建议可能包括但不限于更换无人机的某些构件以提高其气动效率，调整控制算法以增强其适应性和稳定性，或是通过改良传感器的配置来提高反应速度和测量精度。在实际操作中，这些建议需通过进一步的实验和长期的飞行测试来验证其有效性。

通过这样的综合比较和优化过程，无人机的建模与控制系统可以持续进步。整个过程中，实验与模型的反馈循环确保了无人机技术的持续更新与改进，使其能够在不断变化的应用环境和任务需求中保持高效与可靠性。

第三章
复杂动态环境下多模态无人机建模

第一节　复杂动态环境的影响因素

一、自然环境特征和变化

在研究多模态无人机在复杂动态环境下的建模时，自然环境的特征及其变化是影响无人机性能和行为的关键因素之一。环境特征不仅决定了无人机所需采取的控制策略，也直接影响了其导航系统的准确性和可靠性。

自然环境可以被定义为无人机操作区域内的所有非人为的物理和生物组成部分，包括气候条件、地形、自然障碍物以及生物活动等。这些因素都在不同程度上对无人机的操作和性能产生影响。

气候是影响无人机操作的一个重要环境因素，它包括温度、湿度、风速、风向以及降水等。例如，高温可能会影响无人机电子设备的散热效率，极端低温可能会导致电池性能下降。强风条件不仅会影响无人机的飞行稳定性，还可能导致更高的能耗并增加飞行的不可预测性。

地形是另一个关键的环境因素。山脉、丘陵、密林和建筑物都会对无人机的导航系统造成挑战。地形的复杂性能导致GPS信号的丧失，使无人机必须依赖更复杂的传感器和算法来维持其定位和导航能力。此外，复杂地形可能会影响无人机的地面控制站与其的通信，增加操作的困难。

自然障碍物如树木、高山以及其他大型生物体，可以在无人机的飞行路径中引入额外的障碍。这需要无人机在建模时加入高级的避障算法，以确保安全飞行。这种算法的开发需要精确的环境数据，例如障碍物的位置、大小以及可能的移动速度。

生物活动，例如鸟群的迁移、野生动物的活动等，也是需要考量的环境影响因素。例如，鸟群可以引起碰撞风险，特别是在无人机执行高速飞行任务时更是如此。因此，了解生物活动的模式和特点，对于无人机的飞行安全规划也是至关重要的。

此外，环境因素的不断变化也为无人机的运行带来了挑战。气候条件的不可预测性、地形的动态变化（如滑坡或地震后的地形变化）、生物活动的季节性差异等都要求无人机系统具备高度的适应性和灵活性。

为了确保在这样的复杂环境中有效运行，对无人机进行建模时需要集成多种传感器数据和环境监测技术。光学摄像头、红外摄像头、激光雷达（LiDAR）、多普勒雷达等可以被用来实时监控和评估环境条件。同时，采用机器学习和人工智能技术可以帮助无人机在复杂的环境数据中识别模式和进行决策，从而提高其对环境变化的响应能力。

二、城市与建筑物结构影响

城市环境中的建筑物不仅在数量和布局上有所不同，其大小、形状及材质等多种特性都直接影响无人机的飞行性能和安全性。

城市中的建筑物可以创造出复杂的风场和气流模式，这对无人机的航向和稳定性构成了挑战。建筑物的高度和布局决定了城市风廊的形成，这些风廊可以加速或改变风的方向，增加飞行过程中的不确定性。此外，建筑物的反射面也可能影响无人机的通信系统，尤其是在使用航向控制和位置定位技术时，如GPS信号可能会因为城市"峡谷效应"受到遮挡或反射，导致无人机接收到的信号弱或误导。

除了气流和通信障碍，建筑物本身也是直接的物理障碍。无人机在进行城市业务如物流配送或监控时，必须能够准确识别和规避建筑物。这就要求无人机的传感系统能够实时准确地进行环境感知和障碍物识别。采用先进的视觉识别技术，如机器学习和图像处理算法，可以使无人机在复杂城市环境中保持高度的敏感度和反应速度。

进一步讨论建筑物对无人机的影响，还应当注意到建筑物内外环境的热特性。不同材料的建筑外墙可能会影响周边的热环境，如某些材料可能吸热或放热，这种热变化可以创建小规模的气流模式，影响无人机的飞行稳定性。对于配备热感应器的无人机来说，这一点尤为重要，需对这些因素进行有效的建模和控制策略设计。

此外，在城市环境中，建筑物的灯光和反射的光也可能对无人机的视觉传感器产生干扰。强光或反射光可能导致视觉系统误判，影响无人机的避障和导航能力。针对这一问题，可以通过调整传感器的光敏参数或采用多传感器融合技术来降低误操作的风险。

针对城市环境的特殊性，无人机的设计和控制系统还需考虑到建筑物的电磁影响。城市中的各种电子设备和电线路可能会产生电磁干扰，这对无人机的电子控制系统，尤其是对那些依赖于无线通信的系统是一大挑战。开发具有抗干扰能力的电子系统和采用更为复杂的通信编码技术，成为保障无人机在城市环境中稳定运行的关键。

综合上述因素，城市与建筑物对多模态无人机在复杂动态环境下的影响显著。理解并应对这些影响是进行无人机建模与优化控制的基础，需要在无人机研发和应用中考虑城市特有的复杂性，并设计出适应这种环境的技术和解决方案。仅凭传统的无人机设计标准和飞行控制策略，难以满足在多变的城市空间中安全、高效运行的需求。因此，为适应这一特定环境，研究人员和工程师必须深入分析城市特定的结构和环境特征，进而开发出能够有效应对这些挑战的新型无人机技术。

三、人为活动与干扰

人为活动主要包括但不限于工业作业、交通流、建筑施工以及各种社会活动如大型公众聚集和活动。这些活动产生的物理和电磁干扰，能极大地影响无人机的飞行稳定性和操作效率。例如，一个建筑区域的大量金属结构可能会干扰无人机的GPS信号，而大量的人群集会则可能由于无线电设备的大量使用引发电磁干扰。此外，人为活动所引发的环境变化如热气流、烟雾等，也可能严重影响无人机的视觉和传感器系统的正常运作。

在建模和优化控制的过程中，首先应综合分析人为活动的类型、频率、持续时间和强度。这需要收集和整合大量关于地理区域的活动数据，包括自然条件变化与人口活动模式。接下来，可利用这些数据建立预测模型，预测在特定时间和地点人为活动对无人机的潜在影响。

电磁干扰的建模尤为关键，因为它直接影响无人机的通信系统。电磁干扰模型应考虑到周围环境中存在的各种电磁源，包括移动通信基站、无线网络设备以及其他无线电发射设备。通过这种模型，设计者可以评估在特定情况下无人机通信系统的可靠性，并据此优化无人机的通信协议和信号处理算法。

为了应对人为活动引起的物理障碍和环境变化，建模还必须包括高度动态的障碍物识别和路径规划模块。这要求无人机的感知系统能够实时捕捉到环境中的动态变化，如移动车辆、建筑物施工动态等，并快速调整飞行路径以避开潜在危险。

此外，对于处在复杂社会环境中操作的无人机，模型还应考虑法律和伦理问题。例如，在人群集结区域的飞行策略中，不仅要保证任务的高效完成，还要确保人身安全并遵守相关的监管规定。这部分的建模需要与法律专家和社会学家合作，以确保无人机的操作符合当地的法律和社会标准。

在优化控制方面，从人为活动出发的建模结果将被用来设计更加智能和自适应的控制算法。例如，面对复杂的电磁干扰环境，控制系统可以采用更加健壮的通信技术和算法，如频率跳变通信技术，以提高抗干扰能力。同时，通过高效的路径规划算法，无人机可以动态调整飞行路线，躲避由人为活动造成的意外障碍和潜在危害。

四、气候条件的影响

在无人机技术的应用及其研究中，气候条件对于多模态无人机的操作和建模具有重要的影响。气候条件中包括温度、湿度、风速、风向以及气候的极端现象如雨、雪、雾等，这些因素都可能对无人机的飞行性能、稳定性及能效产生显著影响。

温度的变化直接影响无人机的电池性能和机体材料。在低温环境中，电池的化学反应速度下降，导致电池容量和输出功率减少；而在高温环境下，电池过热可能引起性能退化甚至安全事故。此外，温度的急剧变化可能导致无人机机体材料的热膨胀或收缩，影响其结构完整性和飞行精度。

湿度的增加会影响无人机的电子设备，特别是在高湿度环境下，设备表面可能会凝结水珠，增加短路风险，并可能导致金属部件腐蚀，降低无人机的使用寿命和可靠性。此外，湿度还可能影响无人机测量设备的精度，如湿度计和压力传感器等。

风速和风向是影响无人机飞行的关键气候因素。强风会增加无人机的飞行阻力和耗能，降低其飞行效率。而风向变化不仅影响无人机的航向控制，还可能导致无人机偏离预定飞行路线，增大飞行风险。在设计无人机飞行模型时，需要考虑如何在不同风速和风向条件下，通过调整飞行参数和控制算法来保证飞行的稳定性和安全性。

极端天气条件如雨、雪和雾对无人机飞行同样构成挑战。雨和雪不仅增加无人机的负重，降低飞行效率，还可能损坏无人机的电子设备和传感器。此外，雨滴或雪花的撞击也可能影响无人机的视觉系统，干扰图像采集和处理。雾气中的小水珠会散射光线，降低视觉和红外传感器的有效距离和精度，这对于依赖视觉定位和目标识别的无人机操作尤为重要。

考虑气候条件影响的无人机建模需要综合考虑各种气候因素对无人机飞行性能的影响。建模过程中可以通过引入气候相关的参数和调整控制算法参数，以适应不同气候条件下的飞行需求。此外，通过实验和飞行测试收集相关气候条件下的数据，对提高模型的准确性和鲁棒性也是非常必要的。

气候条件的综合分析和模拟对于提升无人机系统的适应性、安全性和可靠性具有重要意义。通过深入研究气候条件对无人机的影响，可以为无人机系统的设计、应用和操作提供科学的指导和技术支持，促进无人机技术在复杂环境下的广泛应用。

五、地理与地形因素

由于无人机的操作场景通常分布在多变的地理环境中，这些环境的特性直接影响无人机的飞行性能、路径规划和安全性能。因此，深入理解地理与地形因素如何影响无人机的操作，对于构建有效的无人机模型和优化其控制系统至关重要。

地理与地形因素主要包括地形的高低起伏、地表的物理性质、环境的空间结构等。地形的多样性，如山脉、平原、高原等，决定了无人机飞行时的复杂度。例如，山区因地形起伏大，可能会影响无人机的航迹规划，需要无人机具备更高的机动性和适应性。同时，地形还可能影响无线电信号的传播，如山脉的遮挡可能导致无法有效进行远程控制和数据传输。

此外，地表的物理性质，如沙漠、森林、草原等，也会对无人机的飞行操作产生重要影响。例如，在沙漠地区飞行的无人机需要特别考虑到沙尘对视觉传感器和机械部件的侵蚀问题，这可能会降低设备的可靠性和寿命。在森林区域，树木的高度和密度可能会阻碍无人机的视线，增加导航和定位的难度。

环境的空间结构包括建筑物的分布、道路和河流的布局等，这些都直接影响无人机的航线规划和飞行安全。在城市环境中，高楼大厦的密集分布可能造成"城市峡谷效应"，影响气流的稳定性和无人机的操控性。同时，密集的建筑布局还可能限制紧急避难所的可选范围，增加在执行紧急任务时的风险。

对于多模态无人机来说，地理与地形因素的认知和应对不仅需要在硬件设计上有所体现，例如选择适合的传感器以适应特定地形的光照和覆盖条件，还需在软件算法上做出调整，比如通过地形感知技术优化路径规划算法以适应复杂地形。同时，仿真环境的构建也要充分考虑地理与地形的真实性，确保在无人机研发前期就进行充分的测试，降低实际操作中的不确定性和风险。

通过对地理与地形因素的综合考量和精确建模，可以显著提升无人机系统的环境适应性和任务执行效率。在多模态无人机的研发过程中，这种对环境因素的深入理解和技术整合将是提升无人机性能的关键。进一步的研究可以集中在如何通过先进的计算机视觉和机器学习技术，更精确地识别和响应复杂地形与地理环境中的具体挑战，推动无人机技术向更高层次的智能化和自主化发展。

六、电磁环境影响

电磁环境是影响多模态无人机性能和安全的重要因素之一。在复杂动态环境下，电磁环境的多变和不稳定性可以显著影响无人机的通信、导航和飞行控制系统。理解电磁环境对于无人机建模及其优化控制具有至关重要的意义。

在电磁环境影响中，首要关注的是电磁干扰（EMI）和电磁兼容性（EMC）。电磁干扰指的是无意间产生的电磁能量对设备性能的负面影响，而电磁兼容性则是设备在电磁环境中能持续正常运作的能力。对于多模态无人机来说，这些电磁因素可能来源于外部环境如雷达、电台以及其他无线电频率设备的信号，也可能来源于无人机自身的电子设备，如传感器和通信系统。

电磁波的反射、折射和衍射等物理现象都会对无人机的信号传输产生影响。复杂地形如山脉或建筑群可以影响电磁波的传播路径，并因此影响无人机的通信效率和准确性。此外，天气条件如雨、雪和雾也会对电磁波的传播产生干扰，使得无人机的导航系统受到影响。

在设计无人机时需要考虑到电磁屏蔽的问题，这涉及使用能够减少外部电磁干扰影响的材料或技术。例如，采用金属或者特定合金作为无人机外壳材料，可以有效地隔离外部的电磁干扰。此外，设计高效的电磁兼容电路也是减轻干扰的重要措施。

在无人机建模时，精确模拟电磁环境的不同变量对于预测和优化无人机的性能极为关键。模型需要考虑到电磁干扰的源头、传播路径及其对无人机各系统的具体影响。例如，通过建立电磁干扰传输模型，可以预测在特定环境下无人机可能遇到的电磁干扰强度，并据此调整无人机的飞行路线或通信策略。

除了物理层面的保护措施，软件层面的优化也同样重要。通过软件算法优化，例如使用高级的错误纠正编码和适应性的信号处理技术，无人机可以在电磁环境复杂的情况下依然保持良好的通信和定位能力。

究其根本，了解和分析电磁环境对多模态无人机的影响，需要跨学科的知识和技术支持。物理学、电气工程学、航空航天技术等领域的合作对于研究和解决电磁环境带来的挑战至关重要。研究人员和工程师需要不断探索新的材料、新的技术和新的算法，以提高无人机在复杂电磁环境中的适应能力和性能。

电磁环境的管理和优化，是确保多模态无人机在复杂动态环境中稳定操作的重要部分。通过深入研究电磁环境的影响机制，不仅可以优化无人机的设计和操作，还可以为未来无人机技术的发展提供科学的指导和支撑。

第二节 传感器噪声与模型不确定性分析

一、传感器类型与噪声源概述

在研究多模态无人机建模与优化控制的过程中，传感器发挥着至关重要的角色。传感器的主要功能是收集环境中的信息，然而，由于传感器本身的局限性和外部环境因素的影响，这些信息往往充满了各种噪声和不确定性。因此，了解不同类型的传感器及其噪声源对于构建准确的无人机模型至关重要。

传感器可以分为多种类型，根据其用途和工作原理不同主要可以划分为以下几类：位置和导航传感器、环境感测传感器、力和压力传感器、运动和速度传感器等。每种传感器都有其特定的应用场景和潜在的噪声源，这些噪声源直接影响传感器的测量准确性。

位置和导航传感器，如GPS和IMU（惯性测量单元）是无人机导航系统中不可或缺的部分。GPS提供准确的地理位置数据，但其信号可能受到建筑物遮挡、大气条件以及电子干扰等影响。IMU则可提供关于无人机速度、方向和姿态的信息，但其测量结果容易受到温度变化、器件老化和震动的影响。

环境感知传感器如光学摄像头、红外传感器和激光雷达（LiDAR）用于搜集无人机周围的环境信息。光学摄像头受光照条件和视线遮挡的影响较大，噪声点可能会导致图像的模糊和色彩失真；红外传感器则受环境温度的影响显著，其精度在温度波动大的环境下会显著下降；激光雷达虽然能够提供高精度的距离和形状信息，但在雾、雨等恶劣气候条件下，其性能会大幅度衰减。

力和压力传感器通常用于检测无人机接触或碰撞时的压力变化，这类传感器主要的噪声源是机械振动和安装误差。而运动和速度传感器，例如陀螺仪和加速度计，虽然对于判断无人机的动态性能至关重要，但它们的输出往往受到世界坐标变化的影响和本身的温漂及电子噪声的干扰。

针对以上提及的传感器噪声问题，进行详细的分析和控制是建模的关键一步。通过建立噪声模型，可以预测并纠正这些噪声对测量数据的影响。例如，可以通过卡尔曼滤波等算法来优化GPS和IMU数据的整合处理，以减少噪声带来的影响；对于光学摄像头，采用图像处理技术如去噪算法和边缘检测可以提高图像质量；而对于激光雷达的数据，则可以通过多传感器数据融合技术来提高其在恶劣天气条件下的测量稳定性。

二、量化噪声的影响与统计特性

在多模态无人机系统的研究与开发中，传感器噪声及模型不确定性的分析是保证系统可靠性与精确性的重要环节。传感器是无人机系统获取外界信息的主要手段，而噪声是在实际操作过程中不可避免的，也是影响无人机性能的关键因素之一。此外，模型不确定性则源于对复杂环境或系统行为的不完全理解和描述。因此，本节内容旨在深入探讨如何量化噪声的影响以及其统计特性，以辅助开发更为精准和可靠的无人机控制系统。

传感器噪声通常来源于多个方面，包括电子设备的内部噪声如热噪声、散粒噪声、斜率噪声等，以及电磁干扰和温度变化等外部环境干扰。所有这些因素都可能影响传感器信号的准确性和稳定性。传感器噪声的存在导致从传感器获得的数据存在误差，这些误差会通过数据处理和分析过程中传导至整个无人机控制系统，进而可能导致系统性能下降或偏离预定目标。

为了有效量化噪声的影响，首先需要识别噪声的类型和来源，然后利用统计方法对噪声进行特性分析，如计算其均值、方差、频谱密度等统计指标。常见的量化方法包括时域分析和频域分析，时域分析侧重于研究噪声随时间变化的规律，而频域分析则侧重于分析噪声的频率成分。通过这些方法，可以对噪声进行精确描述，为后续的噪声滤波和噪声抑制提供理论基础和技术支持。

除了传感器噪声，模型不确定性也极大地影响了多模态无人机系统的性能。模型不确定性主要来源于对实际系统的简化和假设，这种简化虽然在一定程度上便于理论分析和计算，但也忽视了系统的某些动态特性和环境因素，这就导致了模型与实际情况之间存在偏差。为了表征和补偿这些不确定性，可以通过建立不确定性模型，并采用稳健控制策略来优化系统设计。

从统计学视角分析模型不确定性，主要包括参数的不确定性和结构的不确定性。参数的不确定性关注的是系统或模型中参数的变异性及其对系统性能的影响。结构的不确定性则涉及模型结构是否能准确反映系统的真实行为。解决这一问题，一种常用的方法是进行系统辨识和参数估计，通过采集大量实验数据，利用统计分析方法对系统模型进行验证和修正，从而减少模型与实际系统之间的偏差。

三、模型不确定性的来源

模型不确定性在多模态无人机的建模过程中常常是一个不可避免的问题，影响无人机系统的控制精度和可靠性。这种不确定性来源广泛，可以从多个角度进行阐释和分析。

是由于无人机所在的环境条件复杂多变，如气候、温度、湿度以及地形等自然条件的不断变化，可导致模型参数随之变动。例如，热力学参数在不同温度和湿度条件下会有所不同，这直接影响到无人机动力系统的性能表现。同样，不同地形对无人机的航向和稳定性也形成了挑战，尤其是在地形遮挡或复杂的城市环境中。

二是无人机结构和材料本身的不稳定性。无人机的各个组成部件，如发动机、传感器、控制系统等，在长期使用过程中可能会出现性能衰减或故障，这种磨损和老化可以导致模型参数的不确定性。此外，制造过程中的误差也可能导致实际使用中的组件与设计时的参数有所偏差，而这种偏差在累积使用过程中可能会进一步放大。

三是控制与指令输入的延迟或误差。无人机在执行飞行任务时，从接受指令到执行可能存在时间差，这种延迟可能会由于通信设备的性能或者信号传输的质量决定。此外，输入指令本身可能因操作人员的误差或系统的解析错误而存在不准确性，这些都将对无人机的行为造成影响，使得模型与实际表现之间出现偏差。

四是传感器的精度和可靠性问题。无人机依赖各种传感器收集外部环境数据，如位置、速度、高度等，但传感器自身的精确度和稳定性对数据的准确性有直接影响。例如，GPS信号可能因为地理环境的遮挡或电子干扰而发生变化，其他如气压计、温度传感器等也可能由于环境因素或者本身技术限制而导致数据读数的误差。

五是算法和理论建模的局限性。当前的模型和控制理论可能无法完全覆盖所有潜在的飞行情境，特别是在极端或未充分研究的环境条件下。算法的假设前提可能与实际情况存在偏差，这种理论上的不足会导致模型无法准确预测或调控无人机的实际行为。

通过上述的分析可见，多模态无人机在实际环境中的运行涉及极大的不确定性，这要求设计者在模型建立和优化控制过程中充分考虑各种因素，采用适应性强、鲁棒性好的方法和技术来补偿和校正这些不确定性，以提升无人机系统的整体性能和可靠性。为实现这一目标，需要综合运用多学科知识和技术，包括但不限于自动控制理论、机器学习、航空航天工程以及材料科学等，以便从根本上提高模型的适应能力和准确度。

四、模型误差对系统性能的影响

在多模态无人机的建模与控制系统设计中，模型的精确性对整个系统的性能具有决定性的影响。模型误差主要指是系统实际动态与数学模型之间的偏差，包括但不限于动力学参数的不精确估计、外部环境因素的忽略或简化以及数值计算的近似误差等。这些误差的存在会直接影响无人机控制系统的精确度、稳定性和鲁棒性，从而在实际操作中可能导致性能下降，甚至发生危险情况。

首先需要理解无人机在复杂动态环境中的表现受到其内部模型精确度的直接影响。一个较大的模型误差可能导致控制器基于错误的系统状态进行决策，例如在风力影响较大的环境中飞行时，如果气动模型没有准确描述当前风场的影响，控制算法可能无法有效补偿风的扰动，从而影响飞行稳定性和路径跟踪精度。

模型误差的来源多种多样，可以从几个方面来详细分析其对系统性能的具体影响。一个重要的误差源是传感器噪声。在复杂环境下，无人机依赖于各种传感器来获取外部信息，如GPS定位、IMU（惯性测量单元）及各种环境监测传感器。这些传感器在实际应用中会受到多种因素的干扰，产生噪声，使得控制系统所获取的状态信息与真实状态存在偏差。例如，GPS信号可能因为多路径效应或者信号屏蔽在特定环境下变得不够精确，导致定位误差增大，从而影响无人机的导航与定位系统性能。

除了传感器噪声，模型的不确定性也是一个重要因素。在多模态无人机的建模过程中，由于系统的复杂性，某些动力学参数可能难以通过理论推导精确获得，必须通过实验或者经验估计。这种估计往往带有不确定性，如果未能妥善处理，可能导致模型无法准确预测真实系统的行为。例如，无人机的质量、质心位置、惯性矩等参数如果估计不准确将直接影响到飞行控制算法的设计和稳定性分析，结果可能是控制系统在实际操作中表现出的不稳定或超调现象。

处理模型误差的策略通常包括模型校正和控制系统设计中的鲁棒性增强。模型校正通常依赖于系统识别技术和机器学习算法，通过实验数据来不断优化和更新模型，使其更加接近真实系统的动态行为。此外，设计鲁棒控制器时，可以采用各种方法来增强系统对模型不确定性和外部干扰的抵抗能力，如H_∞控制、滑模控制等。这些控制策略通过增加控制器的适应性和灵活性，即使在模型误差和外部干扰存在的情况下，也能保证系统的稳定性与性能。

五、噪声与不确定性的综合分析技术

传感器噪声是无人机在实际操作过程中不可避免的问题。这种噪声可能来源于电磁干扰和气象条件变化等外部环境，也可能是内部因素导致，例如传感器自身的精度限制和损耗问题。这些噪声会直接影响到无人机系统的观测数据质量，进而影响到飞行控制系统的判断和决策。因此，对传感器噪声的综合分析技术首先要进行噪声的识别与分类，然后采用适当的滤波和估计方法来减少噪声对系统的影响。

模型不确定性是指在无人机建模过程中，由于缺乏关于环境或系统本身完全的知识导致建立的模型无法完全反映实际系统的动态特征，主要表现为模型参数的不确知性和结构的不确知性。针对这一问题，研究人员需要运用稳健控制和适应控制的原理，设计控制器来应对未知或变化的系统动态。其中，稳健控制能够确保在一定的模型不确定性范围内控制系统的性能仍然能满足设计要求。

噪声与不确定性的综合分析技术要求研究者不仅要处理单一的噪声问题或单一的模型不确定性问题，更要考虑二者的相互作用及其对无人机系统性能的综合影响。这通常涉及多学科知识的结合，如概率论、统计学、控制理论和机器学习等。通过这些方法，可以对不确定性进行量化，并设计出能够适应或抵抗这种不确定性的控制策略。例如，可以利用蒙特卡洛方法仿真各种噪声和不确定性的影响，评估其对无人机飞行性能的潜在风险；此外，信息融合技术可用于整合来自多个传感器的数据，优化数据处理过程，减小噪声影响，提高数据精度；而神经网络、深度学习等机器学习方法能够在数据驱动的基础上，提升模型的适应性，使其更好地处理实际飞行中遇到的各种复杂情况。

综上所述，噪声与不确定性的综合分析技术需要研究者对无人机系统的多方面特性有深入的理解和掌握，以便设计出既能抗干扰又具备高度适应性的控制策略。通过这些高级技术的应用，可以显著提升无人机在复杂环境中的操作稳定性和安全性，从而拓宽其应用领域和实用价值。

六、传感器数据融合策略

在复杂动态环境下，多模态无人机的有效运行依赖于精确可靠的传感器数据。由于传感器噪声和模型不确定性的存在，单一传感器往往难以提供全面准确的信息，因此传感器数据融合策略成了确保无人机系统性能和安全性的关键技术手段。

传感器数据融合策略是指在数据处理过程中，综合考量多种传感器数据的方法和模式对这些数据进行整合分析，旨在提升数据的可靠性、降低由个别传感器噪声或功能故障带来的风险。该策略包含多个层面的内容，如数据层面融合、特征层面融合以及决策层面融合。数据层融合直接对来自不同传感器的原始数据进行整合；特征层融合处理的是从原始数据中提取的特征；而决策层融合则是在决策层面对信息进行合成，形成最终的操作决策。

实现有效的传感器数据融合需要考虑多个关键因素。首先需考量的是传感器间的时空协同性。由于不同传感器的工作原理和布局不同，其监测的时间窗口和空间范围可能有所不同，数据融合过程需要通过算法调整，以确保数据间的时空一致性。其次，融合算法的选择也至关重要。常见的数据融合算法包括卡尔曼滤波，粒子滤波等，这些算法能有效处理数据在不同时间节点上的不确定性，提高融合后数据的准确度和稳定性。此外，不同传感器的权重分配也是传感器融合中的一项重要任务，合理的权重设置可以使得传感器的综合性能达到最优化。

高效的传感器数据融合策略能够显著提升多模态无人机在复杂环境下的适应性和应对能力。例如，在多模态无人机进行地形跟踪任务时，通过融合光学摄像头、红外摄像头以及激光雷达的数据无人机可以获得在不同环境条件下都较为准确的地面信息，从而提升飞行的安全性和效率。同样，在执行搜索救援任务时，通过声音传感器和视觉传感器的数据融合，可以更准确地定位受困人员位置，有效指导救援行动。

不过，实施传感器数据融合策略也面临诸多挑战。其中，技术挑战主要包括传感器之间的兼容性问题、数据处理速度需求以及融合算法的复杂性等。从经济和实用角度考虑，传感器成本、系统维护及升级等也是需要关注的问题。

七、实时噪声估计与补偿方法

在进行复杂动态环境下多模态无人机的建模时，传感器噪声与模型不确定性是必须面对的两大挑战。这些因素直接影响无人机系统的性能和可靠性。为了更好地进行建模和控制，理解和补偿实时噪声是非常重要的。实时噪声估计与补偿方法的研究，旨在通过先进的算法来识别和减少在传感器数据和模型预测中出现的误差，从而提高无人机系统的运行效率和安全性。

传感器噪声通常包括随机噪声和系统噪声。随机噪声主要是由环境因素引起的，如气流的不稳定性或电子设备的内部电磁干扰，而系统噪声则是由传感器本身的物理特性和技术限制所决定的。在无人机操作中，诸如GPS、加速度计、陀螺仪等传感器的数据经常受到这些噪声的影响，从而影响最终的数据准确性和系统稳定性。

模型不确定性是另一大问题，它主要源于无法完美地模拟复杂现实世界中的各种动态。这可能包括参数的不精确估计、模型结构的简化假设或者对环境变化的预测不足等。模型不确定性会使得基于模型的控制策略失效，因此减少模型与实际动态之间的差距是提高控制效果的关键。

为了应对这些挑战，实时噪声估计与补偿技术发展了多种方法。一种常见的方法是使用滤波技术，如卡尔曼滤波器。卡尔曼滤波器依据系统的动态模型和测量值，通过递归算法预测和更新状态估计，它不仅可以估计当前的系统状态，还能预测未来状态，同时计算和补偿噪声。这种方法在处理线性系统的噪声和不确定性时非常有效。

还有一种方法是使用机器学习技术，特别是神经网络和深度学习模型。这些模型能够学习大量的数据并识别其中的复杂模式和关联性，从而在没有明确物理模型的情况下进行预测和噪声补偿。此外，深度学习可以处理高度非线性的问题，使其特别适用于复杂的、动态变化大的无人机飞行环境。

另一个方法是数据同化技术。它结合了模型预测和实时观测数据，通过优化算法来调整模型参数，使模型输出尽可能接近实际观测结果。这种方法在气象学和海洋学中得到了广泛的应用，在无人机领域也显示出了巨大的潜力。

除了这些技术外，仿真和实验也是重要的工具。通过构建高保真的仿真环境，可以在不实际飞行无人机的情况下，检验和优化噪声估计与补偿方法。实验同样不可或缺，它提供了对真实世界操作的直接观测，可以用来验证模型和仿真的准确性，并进一步调整算法。

第三节　多类型扰动下的多模态无人机建模

一、多类型扰动的分类与特征

在无人机系统的研究与开发中，对于其在复杂动态环境下的模型建立是一个关键课题。多类型扰动是影响无人机性能与控制精度的重要因素之一。对这些扰动的详尽分类与分析不仅有助于优化无人机的设计，还能显著提升其应对多变环境的能力。因此，在此部分将详细探讨多类型扰动的分类及各自的特征。

在动态复杂环境中，无人机所面临的扰动主要可以分为自然扰动和人为扰动两大类。自然扰动主要包括气象因素如风速变化、温度波动、湿度变化等，以及地形因素如山脉、建筑物阻挡导致的气流变化等。人为扰动则主要涵盖电磁干扰、声波干扰，以及其他无人机或飞行器造成的干扰等。

具体来说，气象因素中的风是最常见也是影响最大的一种自然扰动。风速的快慢和方向的变化可以对无人机的飞行状态产生立即影响，特别是在进行精确操作时，如定点监控或精准投放。温度的变化会影响无人机电子设备的工作效率和电池性能，而环境湿度的增减则可能影响无人机材质的物理状态，如减少机体强度等。

地形因素中，例如山谷或高楼大厦等所产生的风刀效应，可以在极短的时间和空间内造成巨大的气流变动，对无人机的飞行稳定性和安全性构成挑战。此外，地形的高低起伏也会影响无人机的导航系统，特别是在采用视觉或雷达系统进行地面追踪时。

人为扰动中的电磁干扰主要来源于强电场或电磁波的非规律辐射，这类扰动能够导致无人机的通信与导航系统发生故障耽误工作。声波干扰虽然影响较小，但在特定条件下也可能引起无人机的振动或影响声波导航与检测系统的准确性。更不用说，其他无人机或人工飞行器所产生的干扰同样不容忽视，例如在空中交通繁忙地区无人机可能需要自动调整飞行路径以避开其他飞行器。

对于每种扰动类型，我们必须明确其物理和运行机制，这对于设计高效的控制算法和故障诊断系统至关重要。例如，通过加装风速传感器和改进姿态调控算法，可以有效提升无人机在多变风速条件下的稳定性；采用多频通信技术和冗余设计，可增强系统对电磁干扰的抵抗力；而利用多模态感知系统，则能在多样化的地形与复杂的人为环境中确保无人机的导航与避障能力。

在此基础上，深入了解并优化无人机的建模工作，对于研发出能够应对各种复杂动态环境的无人机系统具有重要意义。通过模拟和实际飞行测试，不断迭代和优化模型，可以显著提升无人机整体的性能和可靠性，从而满足日益严苛的应用需求。此外，留意这些扰动的变化趋势和临界条件也同样关键，这有助于设计出更为智能和适应性强的无人机系统，以应对未来可能出现的新型扰动。

二、数学模型建立原理

在多模态无人机的建模过程中，面对多类型扰动的挑战，建立精确的数学模型是至关重要的。这一模型不仅需要精确描述无人机在正常飞行条件下的行为，还必须能够准确反映在各种扰动作用下的动态响应。这包括但不限于环境因素（如风速和风向变化）、机械故障（如传感器失效或执行器故障）以及其他潜在的干扰（如电磁干扰或温度变化影响）。数学模型的建立原理是多层面的，涉及物理模型的建立、数学描述方法的选择、参数的确定和实际应用的验证等多个方面。

数学模型建立的第一步是定义无人机系统的物理特性。这包括无人机的质量、尺寸、形状以及由这些物理特性决定的惯性矩阵、空气动力系数等基本参数。这些参数是模型中不可或缺的静态因素，为后续的动态建模奠定基础。

关于动态建模，一个核心问题是如何描述无人机对外界扰动的动态响应。这通常涉及构建无人机的动态方程，这些方程基于牛顿第二定律，表达了无人机系统在力和动量作用下的行为。在实际建模中，还需要考虑到无人机特有的多模态特性，即无人机可能存在的不同飞行模式，如旋翼模式和固定翼模式之间的转换，这些转换过程中的动力特性是截然不同的。

数学模型中还要包括对控制系统的描述，这种描述通常是通过设计控制律来实现的。控制律设计的目的是确保无人机能够在接到飞行指令时，按照预定的轨迹飞行，即使在遭到外界扰动的情况下也能保持稳定性和可控性。控制系统的建模需要综合考虑无人机的动态特性和扰动的影响，并通过适当的控制算法来补偿这些扰动。

在多类型扰动的情景下，建模的复杂度显著增加。引入对扰动模型的具体分析，用来确定扰动的类型（如确定性扰动或随机扰动）、大小、频率以及扰动施加的位置和方式。对于确定性扰动，可以直接在动力学模型中加入扰动项；对于随机扰动，则需通过引入随机过程或概率分布来描述扰动的不确定性。

此外，数学模型的验证也是不可忽视的一环。模型的验证通常需要通过对比模型的预测结果与实际飞行数据来完成。这一步骤确保了模型的准确性和可靠性，对于后续的模型应用和优化提供了支撑。有效的验证手段包括但不限于地面实验、飞行实验以及与其他已验证模型的对比分析。

因此，数学模型在为控制系统提供决策支持的同时，还应具备一定的适应性和灵活性，能够随着外界环境和任务要求的变化而进行动态调整。在复杂动态环境下，这种适应性尤为重要，可以显著提高无人机的操作效率和安全性。

三、模态切换机制

在多模态无人机系统的设计与实现过程中，模态切换机制是确保系统能够在复杂环境中高效、稳定运行的关键技术。模态切换机制涉及无人机从一个操作模态转换到另一个操作模态的控制策略，这些模态可能包括悬停、巡航、快速移动、低速探测等不同的飞行状态。在多类型扰动的环境下，这种机制尤为重要，因为它能够帮助无人机根据外部环境的变化和内部状态的需求，灵活地调整其行为模式，以应对可能遇到的各种复杂情况。

有效的模态切换机制首要需要能够准确地识别和预测飞行环境中的变化。环境识别可以通过集成多种传感器实现，如视觉、红外、雷达等，通过这些传感器收集的数据，无人机能够实时准确地获得关于其周围环境的详细信息。例如，在遇到天气变化、气流扰动或者是其他飞行器的干扰时，无人机需要迅速评估这些因素对其飞行状态可能造成的影响，并作出相应的模态调整。

模态切换的决策制定基于一套预定义的规则或通过学习获得的数据驱动模型。这些决策规则或模型定义了在特定情况下应当从当前模态切换到哪一个模态，以及切换的最佳时机。在决策过程中，算法会评估各种飞行模态在当前环境下的表现和风险，选择最佳的飞行策略。例如，如果无人机当前处于高速巡航模态，而传感器检测到前方空域出现突发的气象条件变化，系统可能会决定切换到更稳定的悬停模态，以避免由于视线不良或风速过高造成的操控困难。

模态切换不仅需要高效的环境感知和智能的决策制定，还需要无人机控制系统具备快速反应的能力。这通常涉及控制算法的优化，以实现快速且平滑的模态转换。控制算法需要能够在各种操作模态之间快速转换，同时确保转换过程中的飞行安全和稳定性。这可能涉及动力系统的快速调节、舵面控制的动态配置等技术。

高级的模态切换机制还可以通过机器学习方法进一步优化。通过对大量飞行数据的学习分析，无人机可以自我学习在特定环境下哪种模态切换策略最为有效。机器学习算法可以在多次飞行实践中不断优化模态切换的决策过程，使无人机在面对未知环境或新的飞行任务时，能够表现出更高的适应性和鲁棒性。

四、环境反馈与参数调整

在多模态无人机的建模过程中，环境反馈与参数调整是至关重要的一环。它涉及如何通过环境的实时反馈，调整无人机系统的内部参数，以适应复杂多变的外部条件，保证无人机操作的安全性和有效性。这一流程不仅要求对无人机的动态建模技术有深入的理解，还需要掌握先进的控制理论和环境识别技术。

在复杂的环境中，无人机可能会遇到多种类型的扰动，如气流的突变、温度的极端变化、电磁干扰等。这些扰动会对无人机的飞行状态和任务执行能力产生非预期的影响。因此，建立一个有效的环境感知系统，能够实时监测并准确预测这些环境因素，是非常必要的。通过安装各种传感器，如风速计、温度计、磁力计等，无人机可以收集周围环境的相关数据。

收集到环境数据后，接下来是数据的处理与分析。通过数据分析，系统可以识别出当前的环境状态，并将这些信息转化为对无人机参数的具体调整指令。例如，如果检测到强风，无人机的飞行控制系统可能需要增加推力，或者调整航向和姿态，以稳定飞行状态。

参数调整的核心在于构建一个动态的控制系统，这种系统可以基于环境反馈进行自我优化，通常涉及控制理论中的自适应控制和鲁棒控制策略。自适应控制可以让无人机控制系统根据实时的环境数据自动调整控制参数，以适应环境变化；而鲁棒控制则是确保在外部扰动下控制系统的稳定性和性能。

实现环境反馈与参数调整的技术挑战也不容小觑。首先，需要确保传感器的准确性和可靠性，因为所有的控制系统调整都是基于传感器提供的数据进行的；其次，数据传输和处理速度必须足够快，以保证系统可以实时响应环境变化；此外，控制策略的设计必须具备高度的灵活性和适应性，以应对多种不同的、甚至是极端的环境条件。

对于多模态无人机而言，环境反馈与参数调整还应该考虑不同模态间的相互影响。例如，一个可以在空中和水中操作的无人机，其控制系统在转换模态时，不仅要适应两种截然不同的物理环境，还需要在短时间内重新配置机体的力学属性和控制参数。

五、稳定性与鲁棒性分析

无人机系统面临的外部扰动可能包括气候变化、电磁干扰以及物理障碍等，这些因素都可能影响无人机的飞行稳定性和任务执行效率。因此，建立一个有效的模型来分析和提升无人机在这种复杂动态环境下的稳定性和鲁棒性是至关重要的。

稳定性分析是指在特定的扰动作用下，无人机系统能否保持或恢复到其初始状态或某一预定的运行状态。一个稳定的无人机控制系统意味着即便在外界条件发生变化时，系统也能够有效地调整自身，维持基本的操作功能并保持飞行安全。而鲁棒性分析则关注系统在面对某些未预见的或极端情况下依然能保持功能的能力。鲁棒控制设计能够确保无人机在各种复杂环境下都具备较高的性能保持能力。

在进行稳定性与鲁棒性分析时，通常需要通过构建数学模型来模拟无人机系统的物理行为及其对环境扰动的响应。这包括建立无人机的动力学模型和控制系统模型，然后使用系统辨识和仿真技术来预测不同扰动条件下的系统表现。此外，常用的分析技术如Lyapunov稳定性理论，可以用来证明系统的稳定性。通过这种方法，开发者可以验证无人机控制策略在理论上的有效性，以及实际应用中的可靠性。

鲁棒性分析则更多侧重于控制策略对未知或变动大的环境因素的适应能力。这通常涉及设计多种控制方案，并通过模拟不同的极端环境条件来测试每种控制方案的效果。例如，通过增益调度、自适应控制或者滑模控制等技术，控制系统可以自动调整控制参数，以适应环境变化的需求。

实际操作中，为了有效提升无人机的整体性能和安全性，研究人员可能还需要考虑系统的多目标优化设计，即在保证稳定性和鲁棒性的同时，也要考虑如效率、成本、响应速度等其他关键性能指标的优化。这就需要采用先进的优化算法，如遗传算法、粒子群优化或者多目标优化等方法，来找到最佳的设计和控制策略。

在实际应用中，对无人机进行稳定性与鲁棒性测试是必不可少的步骤，这通常包括地面测试和飞行测试两大部分。在地面测试阶段，可以在模拟环境中检查无人机对各类扰动的响应情况。飞行测试则更加复杂，涉及实际的飞行条件和突发事件的应对，测试结果能直接反映出无人机系统设计和控制策略的实际效果。

六、案例研究与模型验证

在探讨多模态无人机在复杂动态环境中的建模时，一个至关重要的部分是多类型扰动下的建模处理。多类型扰动主要包括环境扰动、机械扰动和控制系统扰动等。为了确保模型的有效性和实用性，进行案例研究与模型验证是必不可少的步骤。此系列分析旨在提供深入的理解和应用指导，确保无人机系统设计的准确性和稳定性。

案例研究通常选取特定的实际应用场景，例如在复杂气候条件下的救援任务或者在高度干扰的城市环境中的监视任务。在这样的场景中，无人机需要对付从强风、温差到电磁干扰、建筑遮挡等多种扰动。模拟这些条件下的无人机行为，可以帮助研究者理解不同因素如何互相作用，并对无人机的设计和控制策略做出相应的调整。

在进行模型验证时，通常采用对比分析的方法。首先，通过实际的飞行测试收集数据，然后将这些实际数据与无人机模型的预测结果进行对比。这一过程涉及大量的数据处理和分析，要求使用高效且精确的数学工具和软件。验证的目的在于检验模型是否能够准确地反映无人机在各种扰动条件下的性能。

在多模态无人机建模中，考虑到不同模态间的相互影响也极为关键。例如，光电模态和雷达模态可能会因为环境因素的不同而展现不同的表现，这种差异需要在模型中得到准确的描述和处理。复杂动态环境下的多模态交互分析不仅提升了模型的全面性，也为无人机的任务规划和决策提供了更为丰富的数据支持。

除此之外，模型还应包括针对不同类型扰动的适应和优化机制设计。控制策略的优化是保障无人机在多扰动环境下稳定运行的关键，这些策略可能包括动态调整飞行路径、改变姿态和速度、甚至在必要时切换飞行模态。优化算法如强化学习和遗传算法在此过程中扮演了重要角色，通过不断的迭代学习优化无人机的响应。

最终，所有这些工作的整合提供了一个全方位、多角度处理复杂扰动的无人机建模框架。通过案例研究与模型验证的反复测试和调整，可以显著提升模型的精确度和可靠性，同时也为无人机技术的发展与应用打下坚实的基础。通过精细的分析和验证，无人机在执行复杂任务时的效率和安全性将得到显著提升，从而推动无人机技术在更广阔领域的应用前景。

第四节 仿真平台与实验验证

一、选择合适的仿真平台

选择合适的仿真平台对于复杂动态环境下多模态无人机建模和优化控制的研究具有至关重要的作用。仿真平台不仅需要提供高度真实的模拟环境以验证无人机的控制策略，还需具备高效的计算能力以处理大量的数据和复杂的算法。如何选择一个合适的仿真平台，是确保研究工作顺利进行和成果转化的基础。

在选择仿真平台时，首要考虑的是平台的功能强大与否，能否提供全面的动态模拟工具和环境。一个优秀的仿真平台应能够精确模拟多模态无人机在不同物理环境（如风速变化、温度波动等）中的表现，并支持多种传感器和控制系统的模拟集成。此外，该平台应具备良好的用户界面，以便研究人员可以轻松设置模拟参数以及分析模拟结果。再者，平台的可扩展性也是一个重要因素。随着无人机技术的不断进步，新的传感器和控制算法会被不断开发出来。因此，一个理想的仿真平台应能支持新技术的快速集成和测试，具备良好的兼容性和扩展接口。这不仅可以保证研究的前瞻性，还能使研究成果容易适应未来的技术发展。

仿真的真实性是另一个关键的选择标准。仿真平台必须能够提供接近真实的物理环境和系统行为模拟，以便研究人员能够准确地预测无人机在实际操作中的表现。这包括高精度的地理环境数据、气候变化模拟，以及各种障碍物的动态模拟等。此外，真实反馈的延时和噪声模拟也极为重要，它们能够帮助优化无人机的控制算法，提高系统的鲁棒性。

此外，计算效率也是评价一个仿真平台的重要标准。高效的计算能力可以大幅度缩短模拟时间，提高研究效率。特别是在进行复杂算法测试或者多参数的系统优化时，计算速度直接影响仿真的效率和成本。因此，选择一个具有强大计算能力和优化的数值处理算法的仿真平台是非常必要的。

还需要考虑的是平台的维护和技术支持。一个良好的技术支持可以帮助用户快速解决在仿真过程中遇到的问题，这对于保证研究工作的连续性和高效性是非常重要的。同时，定期的软件更新和维护能够确保仿真平台不断地适应新的技术和用户需求，延长其服务生命周期。

二、设计仿真实验

设计仿真实验是验证理论模型和控制策略有效性的重要步骤，通过模拟真实环境中可能遇到的各种情况，可以预测无人机在实际操作中的表现，从而为优化设计提供科学依据。

设计仿真实验主要包括实验环境的搭建、实验方案的制定、数据采集与处理以及实验结果的分析评估四个方面。这些环节相互关联，共同作用，确保了仿真实验的科学性和实用性。

实验环境搭建应充分考虑到实际应用场景中的各种因素，如气象条件、地形地貌以及可能的干扰等。仿真环境需要通过软件工具来构建，常用的仿真软件包括MATLAB/Simulink、Gazebo等。这些工具为仿真提供了丰富的库支持，可以模拟不同的物理特性和环境特征。此外，实验环境的构建还应当包括对无人机自身特性的模拟，如飞行动态、载荷特性及其与环境因素的交互效应。

实验方案的制定是仿真实验设计中至关重要的一步，它直接关系到实验的可行性和科学性。实验方案包括实验目的、测试的无人机模型、实验场景、实验条件设定、实验数据的采集方式等。在制定实验方案时，需要充分考虑到仿真实验的目标和复杂动态环境的特性。比如，考虑无人机在不同风速和风向下的飞行稳定性，或是在多种地形上的避障能力等。

数据采集与处理是仿真实验中的关键步骤。正确的数据采集不仅关乎实验结果的准确性，还影响后续数据分析和模型验证的效果。在数据采集过程中，需要记录无人机的飞行状态、传感器读数、环境参数等信息。数据处理则包括数据的清洗、整理和分析，主要目的是从实验数据中提取有用信息，并为优化控制策略提供依据。

实验结果的分析与评估是检验仿真实验是否成功的重要环节。分析结果需要确保其科学性和客观性，通常需要采用统计学方法或机器学习技术来进行。通过对比不同模拟条件下的实验数据，可以评估无人机模型和控制策略在复杂环境中的适应性和有效性。

在整个实验设计过程中，还需要特别注意实验模型的准确性。模型准确性直接影响到仿真实验的可信度。因此，模型验证成为不可或缺的一部分。通常会通过与现有的理论模型或实验数据进行对比，检验所设计模型的有效性和适用范围。

通过综合应用以上提及的多个步骤和策略，设计出的仿真实验不仅能够有效地模拟多模态无人机在复杂动态环境中的操作与性能，还能为后续的模型优化和控制策略调整提供科学且实际的依据。这对于无人机技术的发展和应用具有重要的推动作用。

三、实验数据收集与处理

实验数据为仿真模型的验证提供了必要的依据，同时也确保无人机控制策略的优化能在实际环境中得到有效执行。数据收集与处理主要涉及几个关键步骤：数据的采集方法、数据的初步处理、数据的深度分析以及数据的实际应用，每一个步骤都对最终的仿真效果和无人机性能有直接的影响。

数据的采集是实验数据收集的第一步，它直接关系到后续数据处理的质量和实验的有效性。在多模态无人机的实验中，通常需要采集的数据类型包括无人机的位置、速度、加速度，以及环境因素如风速、温度等。这些数据可以通过各种传感器如GPS、IMU（惯性测量单元）、热感应器等来采集。此外，考虑到复杂动态环境的特性，无人机的传感器应具备高精度和快速响应的特点，以便准确收集环境和无人机状态的实时变化。

数据初步处理是将原始数据转化为可用于分析和模型验证的有效数据的过程。这一过程包括数据的清洗、归一化，以及异常值的检测与处理。数据清洗主要是去除那些错误的、重复的或不完整的数据记录；归一化过程则是调整数据范围使其适合于后续处理，如将温度从摄氏度转化为开尔文；异常值检测则是识别出那些偏离正常范围大的数据，这些数据可能由传感器故障或极端外在环境条件引起。处理掉这些数据对于保持数据集的整体质量是非常关键的。

在数据深度分析阶段，所收集的数据将被用于建立或验证无人机的动态模型，并优化无人机的控制策略。这一步骤通常需要使用统计方法和机器学习技术来进一步解析数据，例如通过回归分析来预测无人机的行为，或使用群体优化算法来优化其飞行路径。深度分析不仅需要考虑数据本身的质量和特性，还要关注模型的适应性，确保所建模型在不同的工作环境下都能保持良好的性能。

最终，数据的实际应用是验证仿真平台和实验是否成功的重要标志。仿真结果需要与实际操作中无人机的表现相对照，分析模型预测的准确性及控制策略的有效性。这通常通过对比仿真数据和实际飞行数据来完成，差异的分析有助于进一步调整模型参数和优化控制策略。

通过这些实验数据收集与处理过程，可以显著提高复杂动态环境下多模态无人机建模与优化控制的准确性和实效性。这不仅有助于提升无人机系统的操作性能和安全性，也为未来无人机技术的发展提供了坚实的数据支持和理论基础。因此，严谨的实验设计及高效的数据处理策略对于无人机研究的成功至关重要。

四、效果评估与分析

通过对模拟和实验结果的详细分析，研究人员能够验证模型的准确性，评估控制策略的有效性，并进一步优化无人机系统的设计和操作。此部分内容将详细探讨在复杂动态环境下，进行多模态无人机效果评估与分析的关键方法和指标，以及这些方法和指标如何帮助提升系统整体性能和可靠性。

效果评估首先需要确定评估的目标和标准，这通常包括系统稳定性、响应速度、精确性、消耗资源及其实际应用中的适应性等。考虑到多模态无人机操作的复杂性和多变性，这些标准需要综合系统的机械设计、飞行环境、任务类型等多个方面的特点进行详细的设定。

评估过程中数据采集是基础。实验数据需要通过多种传感器和数据采集系统进行收集，这包括但不限于GPS数据、IMU数据、视频记录以及环境监测仪器的数据。数据的准确性直接影响到后续分析的有效性和可靠性，因此保证数据质量是评估工作的首要任务。

数据分析阶段，通常采用统计分析方法来处理数据集，包括描述性统计分析、假设检验、回归分析等。这一阶段的目的是从数据中提取有价值的信息，识别出无人机性能中的关键因素。例如，通过对比不同飞行条件下的无人机动态响应，分析其稳定性和可靠性如何受环境影响，并进一步调整控制策略。

在评估过程中，仿真工具也扮演了极其重要的角色。仿真平台允许研究人员在不同的预设条件下进行重复实验，模拟复杂环境中无人机的行为，验证无人机对环境变化的适应能力。

此外，实验证也不可或缺。实验验证通常在控制环境中进行，以减少外部不确定因素的影响，并能更精确地测量和调整无人机系统的各项参数。通过实地测试，研究人员能直观评估无人机的操作性和环境适应性，提供比仿真更加真实的系统表现数据。

在分析的最后阶段，将仿真和实验结果进行对比也十分关键。这一对比不仅可以评估仿真模型的有效性，也能进一步发现模型中可能存在的不足。通过对比分析，可以调整模型参数，优化控制算法，提高无人机系统的整体性能。

综合利用仿真与实验数据的分析结果，研究人员可以全面评估多模态无人机在复杂动态环境中的性能表现。这些深入的分析不仅有助于理解无人机系统的行为和限制，也为未来的系统设计和应用提供了宝贵的参考依据。

因此，效果评估与分析是多模态无人机研究中不可分割的一部分，它确保了研究成果的科学性和实用性。通过系统的评估与优化，可以逐步提升无人机在复杂环境中的操作效率和安全性，最大化其在各种民用和军用领域中的应用潜力。

五、实验与仿真结果对比

仿真与实验之间的比较，主要基于几个核心要素：模型的真实性、算法的适用性、控制策略的实效性和实验的可靠性。

仿真平台通常是基于计算机模拟的环境，能够在不同的条件与配置下模拟无人机的飞行特性与行为。这些仿真工具往往包括先进的物理引擎和环境模拟，可以针对动力学模型、感知系统和控制算法进行测试。此外，仿真中还能够模拟各种复杂的环境因素，如风速、温度变化、雨雪天气等影响，这些都是实际飞行中无人机可能会遇到的挑战。

实验验证则是在实际条件下，通过实物无人机的测试飞行来收集数据。这些实验通常需要在控制环境下进行，以确保数据的准确性与安全性。实验验证的关键在于如何确保实验设置与仿真环境的一致性，以及如何精确测量与记录飞行数据和环境数据。

在进行实验与仿真结果对比时，首先需要确保两者使用相同或等效的无人机动态模型。这意味着在仿真平台中使用的动力学和控制算法应与实际无人机中使用的尽可能相同。通过这种方式，可以确保结果的对比是基于相同的技术基础和理论假设。

数据分析与处理在对比中也占有重要的位置。通常需要采用统计学方法来分析实验数据和仿真数据，找出两者之间的差异与一致性。数据处理通常包括噪声过滤、数据平滑和特征提取等步骤，这些都是确保数据质量和对比分析准确性的重要措施。

在实验与仿真结果相符度的分析上，可以采用多种评价指标，如误差率、响应时间、控制效果、稳定性等。通过详细的数据对比，研究人员能够评估模型在模拟真实环境下的有效性和实用性。如果发现结果存在显著差异，就需要进一步分析原因，可能是模型的不准确、仿真设置的不合理或实验条件控制的不充分。

对比分析的结果可以指导进一步的研究方向。如若仿真结果与实验结果高度吻合，说明所开发的模型和控制策略是有效的，并可能适用于更广泛的实际应用场景。反之，则可能需要对模型或控制策略进行调整和优化。

此外，通过系统的对比分析，研究人员还可以发现无人机在特定复杂动态环境下的潜在问题和改进机会，如控制系统的响应延迟、环境感知的准确性以及动态适应性等问题，这为未来的研究提供了宝贵的信息和指导。

六、案例研究与应用展示

多模态无人机系统因其能在多种环境中进行作业（如空中、水面或地面）而具有广泛的实用价值和研究意义。环境的复杂性体现在动态变化的天气条件、不同的地形干扰以及多种任务需求的并发发生，这些因素都极大地增加了系统建模与控制的难度。模型的建立需要准确地反映无人机在这些复杂环境中的性能表现及其对环境变化的适应能力。

在案例研究中，通常选择一种或多种具体的场景进行深入研究。例如，利用无人机在森林火灾监测、海上救援或者城市交通管理等特定应用中的表现来评估模型的准确性和控制策略的有效性。每个案例中，无人机需要执行的任务被明确定义，如路径规划、目标识别、负载搬运等，并对应相应的环境设置如风速变化、温度变化、障碍物分布等。

仿真平台的搭建是进行这些案例研究不可或缺的部分。仿真平台需要能够模拟真实世界的物理环境及其复杂动态，实现在没有实际应用风险的情况下，测试和优化无人机控制系统。在平台上，研究人员可以调整各种参数，比如无人机的飞行高度、速度、载重量和传感器类型等，以探究这些变量如何影响任务的执行效率和安全性。

实验验证则是通过在控制的环境中实施实际飞行任务来完成的，它允许研究者收集数据并评估无人机在实际操作中的表现和仿真模型的预测能力。在验证过程中，无人机的表现数据被详细记录并与预先设定的性能指标进行对比，检查任何可能存在的偏差及其原因。这样的对比分析不仅验证了模型的有效性，还有助于进一步调整和改进控制策略。

应用展示则是将研究成果与实际应用相结合的过程。通过展示无人机在多模态任务中的作用和效益，例如展示如何利用这些先进的控制技术解决实际问题，以及在实际操作中遇到的挑战和解决方案，可以增加行业合作伙伴和未来用户对这些技术的信任和兴趣。

第四章
多模态优化控制理论基础

第一节 多模态控制的基本方法

一、多模态控制系统概述

在探讨多模态控制系统的概述时，重要的是理解多模态控制系统的核心概念及其在动态环境下的应用重要性。多模态控制系统是指那些能够在不同模态下操作的控制系统，能够适应复杂变化的环境条件和不同的操作要求。

多模态控制系统与传统单一模式控制系统的不同之处在于其灵活性和适应性。这种系统能够根据外界环境的变化或内部状态的变化，自动切换至最合适的控制模式，从而保持系统性能和稳定性。在无人机技术领域，这一点尤为重要，因为无人机常常需要在不同的环境和任务条件下运行，例如，在复杂的天气条件下飞行或在多变的地形上执行任务。

为了实现有效的多模态控制，系统首要的任务是准确地识别或预测当前的操作环境和任务需求。这通常涉及使用各种传感器和数据处理技术，比如机器学习方法，来解析大量的环境数据，以确定最适宜的控制模式。例如，无人机在进行搜救任务时，其控制系统需要能够识别不同的地形和天气条件，根据各种情况自动调整飞行模式和行为策略。

在多模态控制系统中，模态的选择和切换是核心问题。这包括模态的定义、模态识别和模态切换策略。模态的定义需根据系统的任务、环境等因素综合设定；模态识别通常利用算法对当前状态进行分析，以识别当前最适合的控制模式；模态切换策略则需要快速且平滑，以避免在切换过程中造成系统性能的下降。

为了提高多模态控制系统的效率和可靠性，优化是关键。这涉及优化算法的选择和设计，以确保控制策略最大限度地提高系统性能同时减少能耗和操作复杂性。常见的优化方法包括基于模型的控制优化、智能算法（如遗传算法、神经网络等）和多目标优化等。

系统的稳健性也是设计多模态控制系统时必须考虑的重要因素。在不同模态切换或在高动态环境下操作时，系统应保持稳定响应，避免因响应延迟或过度调整而影响任务效果。这要求系统的控制逻辑不仅要能处理正常操作范围内的变化，而且还要能够处理极端情况下的突发事件。

实际应用中，多模态控制系统的设计与实施需考虑系统的实时性、安全性与成本效益。实时性确保系统能够迅速响应环境变化，安全性则是预防系统失控造成的风险，而成本效益则涉及系统的经济投入与运行维护成本。正确的平衡这些因素是多模态控制系统成功的关键。

二、多模态切换机制与逻辑设计

在多模态无人机系统中，实现高效的建模与控制不仅需要对每一种模态单独进行优化，还需要合理设计模态之间的切换机制。多模态切换机制涉及模态间如何平滑过渡和切换的逻辑设计，这是确保无人机在不同飞行环境与任务要求下能够稳定运行的关键。

多模态控制系统通常包含若干子系统，每个子系统对应于一种特定的模态。各模态之间的切换不仅需要精确的时机控制，还需要科学合理的逻辑支撑。这种切换机制通常依赖于预设的条件触发或是基于环境反馈的动态选择。条件触发可以是时间驱动，例如固定的飞行阶段完成后自动切换；也可以是事件驱动，如传感器读数达到特定阈值时触发模态转换。

逻辑设计是实现有效多模态切换机制的核心。设计过程中，首先需要考虑的是确保系统总体性能的最优或满足特定性能标准。这需要对各个模态下的控制策略和系统响应进行全面分析，评估不同模态下的性能表现以及模态切换可能引发的动态变化反应。系统的稳定性需在模态转换中持续保持，防止因切换过程引发的瞬时性能衰减或稳定性失控。

多模态切换的逻辑设计还要考虑异常处理机制，为突发事件和非预期情况设定备选方案。例如，如果某个模态因技术故障无法执行，系统需要能迅速识别并切换到安全模态，保障无人机及其任务的安全进行。此外，多模态逻辑设计也应该包含模态预测与决策支持，通过算法分析即将遇到的飞行环境和任务需求，在多个可选模态中选择最适合当前情况的一种。

为了实现这些设计目标，多模态逻辑设计常常依赖于高级计算方法和算法，如模糊逻辑控制、神经网络、以及其他机器学习技术，这些技术可以有效处理模态切换中的不确定性和复杂性。通过利用这些高级技术，能够在无人机飞行的各种情况下，实时、准确地进行模态选择和切换，大大提升了系统的适应性和灵活性。

在具体实现时，还需要构建测试环境来模拟和验证多模态切换逻辑的有效性。这包括软件仿真和实地测试两个方面，通过仿真可以预先发现问题并进行调整，而实地测试则更能反映出设计在实际操作中的表现和可能的不足。这种由理论分析、算法设计、仿真测试、到实地验证的全过程检验，是确保多模态切换机制与逻辑设计可靠性和有效性的关键。

通过上述方法，多模态无人机的建模与优化控制在实现高效与安全的飞行任务执行中，能够充分发挥其系统潜力，满足复杂多变环境下的应用需求。

三、基于模型的控制策略

多模态无人机系统在执行复杂任务，如侦察、搜救、运输和攻击等多场景应用中，对控制策略的要求尤为严格和复杂。基于模型的控制策略为多模态无人机系统提供了一种高效、准确的控制途径，通过精确的数学建模抓住无人机的动态特性，进而设计出合理的控制算法，以实现对无人机各种状态的精确控制。

基于模型的控制策略（Model-Based Control Strategy）主要依赖于对无人机系统的动态模型的准确建立。这种策略的核心是"模型精确性"，即控制策略的效果很大程度上依赖于模型的准确性。在多模态无人机系统中，这种模型不仅要描述单一飞行状态下的动态行为，还需涵盖多种模态之间的过渡动态。

动态模型的建立通常包括线性或非线性系统的数学表达。线性系统模型在处理小幅度变动或者操作点附近的系统动态时表现出较高的准确度，而非线性模型则能更全面地描绘实际操作中遇到的大范围非线性行为。在多模态无人机系统中，如何选取适当的模型来描述不同模态之间的复杂过渡，是基于模型控制策略设计的一个重要考量。

控制算法的设计是基于模型控制策略不可或缺的一部分。常见的基于模型的控制方法包括经典的PID控制、先进的自适应控制、鲁棒控制以及最近发展起来的模型预测控制（Model Predictive Control，MPC）。这些控制策略各有所长，PID控制简单有效，易于实施，但在处理复杂或未知动态时可能不够灵活或精确；自适应控制和鲁棒控制可以在系统参数不确定或外部扰动下保持系统的稳定性和性能，适用于动态变化大的环境；模型预测控制通过优化控制输入的未来轨迹实现对复杂系统的高效控制，尤其适用于对系统未来行为有严格约束的场合。

实现这些控制算法需要克服多个技术挑战。首先是系统识别的精度问题，即准确地从输入输出数据中推断出系统的精确或近似动态模型。这一过程通常涉及大量的数据收集和处理工作，在多模态系统中尤为复杂。其次是控制算法的实时计算问题，特别是对于模型预测控制这类计算量较大的方法，需要高效的算法和强大的计算支持确保控制命令能够快速准确地执行。

除了技术上的挑战，如何在保证控制精度的同时节约能耗、优化运行成本也是基于模型控制策略需要考虑的重要方面。此外，多模态无人机可能在复杂且恶劣的外部环境中运行，如何增强控制系统的鲁棒性、适应性和安全性，如何确保各种不确定和极端条件下的任务完成，同样是控制策略设计中不可回避的课题。

四、传感器与执行器的配置方法

无人机系统中，传感器和执行器是实现任务执行和环境感知的关键组件。传感器负责收集外界信息，包括位置、速度、温度等数据，而执行器则根据控制系统的指令执行动作，例如调整飞行方向或改变速度。适当的配置这些设备，是确保无人机能够高效、准确执行任务的前提。

配置传感器时，首要考虑的是所需监测的参数种类及其精确度要求。例如，若无人机主要进行遥感观测，则需要高分辨率的光学或雷达传感器来收集图像和地形数据；若任务是气象监控，则需配置能够测量温度、湿度或者风速的气象传感器。此外，传感器的空间位置和安装角度也需要精心设计，以避免数据采集的盲区，增强系统的环境感知能力。

执行器的配置则关注其动力输出与控制精度。不同的任务需要不同类型的执行器来完成，如固定翼无人机侧重于高速长距离飞行，多旋翼无人机则擅长垂直升降和低速精细操作。执行器的选择和配置需以无人机的飞行性能和任务需求为依据，合理匹配电机、伺服机等执行机构的规格和性能，确保无人机能够稳定且灵活地完成各种操作。

另外，传感器和执行器的互联配置亦不容忽视。这一过程需要考虑到数据传输的即时性和准确性，以及各设备之间的兼容性。通常需要通过高效的通信协议和数据接口来实现设备间的高速数据交换与指令传递。此外，系统还要考虑到传感器数据与执行器指令之间的反馈控制链路，确保控制命令能够准确及时地根据传感器反馈进行调整。

在无人机系统中，安全问题也是传感器和执行器配置过程中必须考虑的重要因素。系统应具备一定的容错能力和故障自诊断功能，能在某一部分传感器或执行器失效时，通过其它备用组件或算法调整来维持基本的运行安全和任务执行能力。

随着技术的进步，智能化和模块化的传感器与执行器得到了广泛应用。通过采用模块化设计，可以根据不同任务需求快速替换或增减传感器和执行器，大大提高了系统的适应性和扩展性。同时，智能化的设备可以通过预先设定的算法自动调整参数或响应，减轻操作人员的负担，提高任务执行的效率。

五、实时数据处理与反馈控制

实时数据处理与反馈控制是现代控制系统中的一项关键技术，特别是在多模态无人机系统中，这一技术的应用尤为重要。多模态无人机系统涉及多种运行模式和环境因素，在复杂的动态环境下，如何快速有效地处理实时数据并执行相应的控制策略，成为系统设计和优化的核心问题。

实时数据处理是指在数据生成或采集时，对数据进行立即的处理和分析。在多模态无人机系统中，实时数据处理包括但不限于传感器数据的读取、环境参数的监控、系统状态的检测等。数据的实时处理要求系统具有高效的数据处理能力和快速的响应时间，以确保无人机能够及时地适应环境变化和完成任务指令。

反馈控制则是指通过系统的输出来调整输入，以达到预定的控制目标。在多模态无人机中，反馈控制通常依赖于实时数据处理的结果，通过分析无人机的飞行状态、位置、速度等信息，动态调整控制参数，如推进器的功率、舵面的角度等，从而实现对无人机飞行的精确控制。反馈控制的核心在于闭环控制系统的设计，此系统需根据反馈信号不断调整，以缩小系统的实际输出与期望输出之间的差距。

具体到多模态无人机，实时数据处理与反馈控制的关键在于以下几点：

（1）数据融合：多模态无人机搭载多种传感器，如GPS、红外传感器、视觉相机等。实时数据处理需要整合来自这些不同来源的数据，进行数据融合处理。有效的数据融合不仅提高了数据处理的精确性，也为执行更为复杂的飞行任务和环境适应提供了可能。

（2）算法优化：为了提高实时数据处理的效率，需要采用高效算法进行数据的预处理、特征提取和决策分析。例如，采用机器学习方法来预测和识别复杂环境下的潜在障碍，使用优化算法快速计算出最佳飞行路径。

（3）控制策略的适应性和鲁棒性：反馈控制策略需要根据不同飞行模式和环境条件的变化进行适应。此外，控制系统要具备良好的鲁棒性，即使在外部干扰或系统参数变化的情况下，也能保证无人机的稳定性和可靠性。

（4）实时性与稳定性的平衡：虽然追求处理和响应的实时性是必要的，但系统的稳定性同样重要。在设计反馈控制系统时，需要综合考虑实时性和稳定性，通过合理的系统设计和参数调整，确保系统既能快速响应，又不会因控制指令的频繁变动导致系统的不稳定。

实时数据处理与反馈控制系统的设计和实施，涉及广泛的技术和理论，包括信号处理、数据融合、控制理论、机器学习等。在多模态无人机的应用背景下，这些技术的集成和优化，不仅提升了无人机系统的性能，也推动了相关技术的进步和发展。对于研究者和工程师而言，设计一个既能处理复杂多变环境数据，又能实时准确反馈控制命令的系统，是挑战也是机遇。

六、仿真与模拟测试

仿真测试主要是指在计算机中通过软件创建一个近似真实的多模态无人机操作环境，模拟无人机在多种模式下的飞行和任务执行情况。通过仿真，可以在不投入高昂成本和潜在风险的情况下，对无人机系统的设计、控制策略、飞行性能等进行全面测试。模拟测试通常是在实验室环境中使用实物模型或部分实物系统进行，它弥补了仿真中无法完全复现的物理属性和环境因素，使得测试结果更加贴近实际应用场景。

在设计仿真与模拟测试系统时，首要的任务是构建一个高度精确和可靠的数学模型。这一模型需要能够详尽地描述多模态无人机在不同飞行模式下的动态行为，包括其物理、机械和电子系统的交互。该模型将为后续的控制策略开发和优化提供坚实基础。其次，选择合适的仿真工具和平台也显得尤为重要。市面上有多种商业和开源的仿真软件供选择，如MATLAB/Simulink、ANSYS等，这些软件通常提供了丰富的库和接口，可支持用户定义复杂的飞行场景和控制策略。在选择过程中，需要综合考虑软件的功能强度、灵活性、易用性及与现有工具的兼容性。

进行仿真与模拟测试的过程中，详尽地记录每次测试的配置、条件和结果至关重要。这些数据不仅可以用来追踪测试进程，分析控制策略的有效性，还能作为后续测试改进的基础。通过反复迭代，逐步调整控制参数和环境设置，可以优化整体的系统性能。

此外，仿真与模拟测试的真实性和可靠性也需要通过与实际操作数据的对比来持续验证。通过将仿真结果与实际飞行测试数据进行比较，可以检验和校准仿真模型的准确性，确保测试结果的实际应用价值。这一步骤不仅提高了模型的适用度，也增强了控制策略的实战可行性。

在多模态无人机的研究与开发中，适应不断变化的技术和环境要求是不可或缺的。因此，仿真与模拟测试系统的持续更新和优化同样重要。随着新的传感器、材料和控制技术的出现，测试系统也应当及时进行调整和升级，以保证它能够有效支持最前沿的无人机技术开发。

七、案例研究与应用展示

在探究多模态优化控制理论的基础上，案例研究与应用展示环节成为了实际理解和应用这些理论的桥梁。通过具体的案例研究，可以直观展示多模态控制理论的实际效果和操作细节，同时，应用展示则助力于理论与实践的深入结合，帮助读者更好地理解和掌握多模态控制的基本方法。

在进行多模态控制案例研究时，一般会选择具有代表性的实际应用场景。例如，无人机在执行复杂任务如搜索和救援、环境监测或军事侦察时，通常需要在不同的飞行模态间切换，如从垂直起降转换至水平飞行。这种模式的切换，需要通过精确的控制算法来确保无人机的稳定性和高效性。在这类案例研究中，研究人员会详细记录和分析无人机在各种外部环境条件下的表现，评估不同控制策略的优势和局限，并根据实际数据调整控制参数。

另一个常见的案例是自动驾驶汽车的多模态交互控制系统。在复杂的交通环境中，自动驾驶汽车需要处理来自多个感知器的信息，如摄像头、雷达和超声波传感器，实现对周围环境的全方位感知。控制系统必须能够在不同的驾驶模式之间灵活切换，例如从高速公路自动巡航模式切换到城市拥堵模式。研究人员通过模拟城市和非城市驾驶场景，分析不同控制策略对车辆行为的影响，优化算法以提高反应速度和安全性。

在应用展示部分，研究者会利用虚拟仿真或实际测试的方式，向读者展示多模态控制理论在特定技术或产品中的应用。例如，可以展示一个经过优化控制算法的无人机在避障、定位和降落等多种任务中的表现。通过视频、图像或实时演示，观众可以直观地看到控制系统的实际运作过程及其效果，从而深入理解控制理论背后的工程原理和技术细节。

进一步地，这些案例研究和应用展示不仅帮助理论研究者验证和完善理论模型，也为工程师和开发者提供了实际应用的参考。例如，在研究中发现的问题和挑战可以激发新的研究课题，推动控制理论的进一步发展。同时，成功的案例展示可以吸引行业关注，促进技术转移和产品商业化。

第二节　多模态控制系统的稳定性分析与控制器设计

一、控制系统模型的建立与参数辨识

在多模态控制系统中，控制系统模型的建立与参数辨识是实现高效精确控制的关键步

骤。通过模型的构建，我们可以描述和预测多模态无人机在不同飞行状态和环境条件下的动力学行为；而参数辨识则是确保模型正确反映实际物理系统的重要环节，它涉及从实验数据中估算出那些影响系统动态行为的关键参数。

控制系统模型的建立通常依赖于系统的物理特性和动力学方程。在多模态无人机的背景下，这些模型不仅需要考虑每一种飞行模式的特征，比如固定翼模式和旋翼模式，还要考虑它们之间的转换机制。例如，一个常见的建模方法是在每种模式下分别建立线性或非线性的状态空间模型，然后设计模态转换逻辑，以表征不同模态之间的动态切换行为。

参数辨识则是在模型建立后进行的一项关键任务，它依赖于系统输入输出数据来估计模型中的未知参数。参数辨识的方法多样，包括最小二乘法、递推最小二乘法、梯度下降法等。在应用这些方法时，获取高质量的测量数据是非常重要的。因为数据的准确性直接影响到辨识结果的可靠性。

对于多模态无人机而言，参数辨识不仅要处理来自不同模态的数据，还需处理转换区间的数据。这就要求辨识算法必须能够适应在模式转换期间可能出现的动态变化。在这种情况下，适应性参数辨识算法或基于滤波的方法（如卡尔曼滤波器）显示出了较好的性能。

高精度的模型和精确的参数是实现多模态无人机系统优化控制的基石。通过对模型的精细调整和参数的精确辨认，控制策略能够更好地适应各种操作条件和环境变化，从而提高无人机系统的响应效率和任务执行的安全性。此外，优化的模型和参数也有助于增强系统的预测能力，对于未来的飞行任务规划和风险管理同样是极其重要的。

系统的稳定性分析是在模型建立和参数辨识之后的另一重要步骤。稳定性分析可以确保在各种操作条件下，无人机系统都能够保持预期的性能而不会出现不稳定的行为。这通常涉及线性化分析和Lyapunov稳定性理论等方法。通过这些方法，设计人员可以评估并确保在所有预见的操作条件下系统的稳定性。

最终，基于以上的建模、参数辨识和稳定性分析的结果，控制器设计就成为可能。在多模态无人机的应用中，控制器设计需要特别考虑不同飞行模式和状态间的协调，以及在不稳定环境中确保系统性能的需求。比如，采用模糊逻辑、自适应控制或增益调度技术在不同模式间平滑转换，并实现对复杂动态环境的适应。

通过上述步骤的综合实施，可以实现多模态无人机系统在统一的框架下对各种运行模式和环境条件的有效管理和控制。这些努力对于推动无人机技术的应用范围和实际可操作性有着至关重要的作用。

二、稳定性分析理论框架

稳定性分析的核心目的是确定系统在接受输入或面对环境干扰时，其输出状态是否趋向于一个平衡状态或在一个可接受的范围内变化。具体到多模态无人机控制系统，这种分析更加复杂，因为系统的动态特性会随着模式的切换而改变。

理论框架的构建首先来自于系统的数学建模。对多模态无人机系统而言，每一种模式都可以通过一组微分方程来描述其动态行为。常见的数学模型包括线性模型和非线性模型，而实际应用中常常需要采用非线性模型，因为无人机的运动和环境交互通常带有高度的非线性特性。

在稳定性理论中，李亚普诺夫(Lyapunov)方法是一种常用的分析技术。通过构造一个合适的李亚普诺夫函数，可以证明系统状态的稳定性。该函数需要根据系统的具体特性设计，其基本思想是找到一个能量函数或者势能函数，且随着时间的推移，这个函数值不增加。如果能够证明对所有系统状态，这个函数都是减少或者至少不增的，那么可以判定系统是稳定的。

对于多模态系统，每一种模式切换或转换都可能会导致稳定性特性的变化。因此，在李亚普诺夫理论的基础上，进一步需要利用多模态切换系统的稳定性分析方法，如基于常规和混合李亚普诺夫函数的方法。这种方法不仅考虑单一模式下的系统行为，同时也分析模式切换对系统稳定性的影响。

稳定性分析不仅限于理论计算，还应包括仿真和实验验证。通过这些实验和仿真，可以实际观察到不同控制策略和参数调整对无人机系统稳定性的影响，进而对理论分析进行验证和调整。

此外，控制器设计也是稳定性分析的重要组成部分。设计的控制器需要能够应对由于模态切换产生的动态变化，并且保证在每一种模式下都能实现对无人机状态的有效控制。这通常需要设计多个子控制器，每个控制器对应一种特定的运行模式，并且在模式切换时能够平滑地过渡。

在控制器设计中，还需考虑到控制系统的鲁棒性，即在面对参数不确定性和外部扰动时，系统的稳定性仍能得到保障。这通过引入鲁棒控制策略，例如H-infinity控制或者滑模控制等方法实现。

通过综合使用理论分析、计算方法和实验验证，可以有效确保多模态无人机在各种运行环境下的性能和安全稳定。通过这些研究，不仅可以推动无人机技术的发展，还能为其它类似的多模态控制系统提供理论和实践上的参考。

三、控制器设计方法论

控制器设计特别对于复杂、多模态的无人机来说至关重要，对于控制器的设计需求通常包括实现系统的快速响应、精确跟踪以及优良的环境适应性等。

控制器设计方法论主要包括四个方面：模型建立、控制策略选择、控制器参数调整及验证与实施。下面将依据这四个方面进行详细的讨论。

模型建立是控制器设计的基础。对于多模态无人机而言，它可能在不同的环境下执行不同的任务（如飞行、滑行、潜水等），因此必须构建一个能够描述这些模式间切换及其动力学特性的模型。通常，这涉及物理建模和系统识别技术。其中物理建模依赖于对无人机各个组成部分的物理规律的理解，而系统识别则是通过实验数据来逼近实际系统的动力行为。这一步骤是后续控制策略选择的前提。

控制策略选择是指定如何实现想要的控制目标，如稳态精度、快速性和鲁棒性等。针对多模态无人机，常见的控制策略有PID控制、模糊控制、自适应控制和滑模控制等。每种控制策略都有其适用性和局限性。例如，PID控制简单易实施但在面对高度非线性系统时可能无法提供良好性能；而滑模控制则具有良好的鲁棒性，但设计过程中可能产生较高的振荡（称为抖振）。

控制器参数调整是确保所设计控制器能在实际操作中达到最佳性能的关键过程。这一过程通常涉及参数优化技术，如遗传算法、粒子群优化或其他全局优化方法，以获得最佳控制效果。在多模态无人机的背景下，参数调整不仅要考虑控制器在单一模态下的性能，还要考虑其在模态切换时的动态响应。

验证与实施是控制器设计的最后步骤，它确保设计的控制器在实际系统中能够稳定且有效地工作。这通常涉及硬件在环测试或闭环模拟。对于多模态无人机来说，要在不同的外部条件和内部状态变化时进行充分的测试，确保控制器在所有预定操作模式下都可靠有效。

控制器设计不仅需要理论上的严谨，还需要充分考虑实际应用中的具体需求和局限。例如，对于体积和重量有严格限制的无人机，控制器的实现硬件可能需要特别设计以满足这些限制。此外，实际的操作环境可能比理论模型更为复杂多变，这也要求控制器设计能够适应这种不确定性，保证无人机的安全性和任务的完成率。

四、仿真测试与实验验证

多模态无人机系统作为一种复杂的技术集成体，其稳定性分析与控制器设计属于该技术发展的核心环节。稳定性是保证无人机系统能在多种模态下安全可靠运行的前提，而控制器的设计则直接关系到无人机的操作性能和任务执行的精确度。仿真测试与实验验证是理论研究和实践操作之间的桥梁，不仅可以验证理论的正确性，还能为无人机系统的优化方向提供实证支持。

仿真测试是在计算机模拟环境中对多模态无人机控制系统进行的一系列实验。通过这种方法，研究人员可以在不同的飞行模态和条件下模拟无人机的行为反应和控制系统的有效性。在仿真环境中，可以精确控制各种参数，如风速、温度、湿度以及其它可能影响飞行性能的因素。这种控制环境的优势在于能够大量重复实验，从而确保结果的准确性，而且可以预防在真实环境中可能导致的高成本或危险情况。

仿真测试的具体步骤涵盖了从简单的单一模态测试到复杂的跨模态转换。测试过程中，首先对单一模态例如定高飞行、垂直起降进行测试，检验控制系统在特定条件下的表现。随后，仿真将涵盖从一种模态到另一种模态的转换过程，如从定高飞行模式切换到巡航飞行模式。这一过程中，控制器需要处理的不仅是飞行状态的变更，还有因应突如其来的外部变化造成的飞行环境改变，如气候突变等。

仿真的结果将提供多项关键数据，比如可指出控制策略在哪些方面表现良好，以及需要进一步优化的地方。仿真数据的分析不仅涉及飞行性能指标，如速度、高度、稳定度等，还包括控制系统的响应时间和处理效率。通过详尽的数据分析，可以对无人机控制系统的设计进行精细调整，进而提高系统整体的运行效率和安全性。

除了仿真测试之外，实验验证同样不可或缺。实验验证是将仿真阶段优化后的控制算法应用到真实的无人机系统中，进一步核对仿真环境中得到的结果是否能够在实际操作中得到相同的反应。在真实的环境中，无人机将面对更加复杂多变的外部条件，验证的过程中，可以发现那些在仿真中未能显现出来的问题，从而进一步改进。

进行实验验证时，操作团队会在严格安全的条件下进行，通常首选封闭的空域或专业的无人机测试场。通过对无人机在多种飞行模态下的操作进行记录和分析，比较其实际表现与仿真测试时的数据，从而评估控制系统设计的有效性和可靠性。特别是在多模态转换和极端环境操作的实验中，通过详实的飞行数据记录和后续的数据分析，研究人员可以深入理解控制系统在实际应用中的稳定性和调整需求。

这种从仿真到实验的迭代流程不断优化控制策略，保证了多模态无人机系统在复杂动态中的高效性与适应性。通过这一流程，不仅可以推动无人机技术的发展，还可以确保其在实际应用中的安全性和可靠性，为未来无人机的广泛应用打下坚实的基础。

五、稳定性分析与控制设计的应用案例

多模态无人机系统指的是可以在多种飞行模态（例如固定翼飞行模式与旋翼飞行模

式）之间转换的无人机系统。这种类型的无人机因其适应不同飞行环境的灵活性而备受关注。在此类系统的研究中，稳定性分析和控制器设计是确保无人机安全运行和执行复杂任务的关键技术。

稳定性分析是通过数学和物理方法来确定系统在受到外部干扰或内部参数变化时，能否维持其性能或返回到平衡状态的一种技术。对于多模态无人机，这涉及对其各种飞行模式下的动力学行为的研究。此分析主要基于系统的数学模型，包括但不限于线性系统理论、非线性动力学、Lyapunov稳定性理论等。

控制器设计则是基于稳定性分析的结果，制定算法或策略来调整无人机的飞行控制系统，以达到预定的飞行性能指标。在多模态无人机中，控制器设计需要考虑如何在不同的飞行模式之间平滑切换，同时保持系统的稳定性和高效性。这通常需要设计一种多层控制架构，其中包括飞行模式切换逻辑、稳定性调节控制、以及任务执行控制等。

一个具体的应用案例涉及一款可在城市环境中进行救灾任务的多模态无人机。该无人机需要在密集的建筑群中快速移动，同时在必要时悬停进行人员或物资的投送。对此类无人机进行稳定性分析时，首先要建立一个包含所有飞行模式的综合动力学模型。这个模型需考虑无人机在不同飞行状态下受到的气流干扰、重力作用及其它环境因素的影响。

在控制器设计方面，开发了一个基于模糊逻辑的控制系统，以处理在复杂城市环境中的飞行模式切换。该控制系统使用多个传感器输入（如加速度计、陀螺仪、GPS和视觉系统）来实时评估当前的飞行环境和无人机状态。基于这些信息，控制系统制定最适合当前情况的飞行模式，并自动调整飞行参数以保证无人机的稳定飞行。

实际测试显示，当无人机从快速移动切换到悬停模式时，通过引入先进的控制策略，无人机能够迅速达到稳定状态，且在转换过程中显示出高度的稳健性。此外，通过模拟高风速和其他干扰条件的测试，验证了无人机系统在极端环境下的稳定性和可靠性。

在进行稳定性验证和控制系统测试的过程中，不仅提高了无人机的操作安全性，而且提升了任务执行的效率和精确度。这一应用案例不但展示了多模态控制系统理论在实际中的应用，同时也指出了在未来研究中需要进一步探索和解决的技术挑战，例如如何进一步优化控制器设计以适应更多种类的飞行模式，以及如何通过智能算法减少人为干预，实现更高级别的自主飞行。

第三节　多模态控制系统的多目标性能优化

一、多目标性能优化概述

多目标性能优化是在多模态控制系统中实现最优性能的关键技术。这种优化不仅要满足单一的性能指标，而是需要同时考虑多个指标，这些指标往往彼此之间存在冲突和竞争关系。例如，在无人机控制系统中，设计者可能需要同时考虑系统的稳定性、能效、响应速度和成本。多目标性能优化的核心挑战在于找到一个合适的权衡，以达到这些多样化指标的最佳组合。

多目标优化问题通常可以表述为一个优化问题，其中包含多个目标函数。这些目标函数定义了系统性能的不同方面，而解决方案的质量通常通过一个被称为帕累托前沿的概念来评估。帕累托前沿由那些无法通过改进一个目标而不损害另一个目标的解决方案组成。在实际应用中，工程师和研究人员通过生成帕累托前沿上的解来探索可能的最优解集，从而为决策者提供多个可行的选择。

解决多目标优化问题的方法多种多样。传统的方法包括权重法、目标规划和松弛变量法。这些方法通常需要将多目标问题转化为单目标问题以简化求解过程，但转化过程可能会丢失部分原问题的信息。近年来，进化算法等现代优化技术在解决多目标问题中显示其优势。这些算法，如遗传算法、粒子群优化和进化策略，能够在全局搜索空间中有效寻找多个优化目标的解决方案，并生成接近帕累托最优的解集。

多模态控制系统的多目标优化问题也需要特别考虑系统的动态特性。无人机等控制系统往往具有高度的动态性和非线性特征，这使得建模和优化过程尤为复杂。动态系统的优化不仅必须考虑静态性能指标，如稳态误差和能耗，还应关注系统响应和稳定性等动态指标。

在多目标优化的实际应用中，性能评估和优化循环是一个重要的过程。这包括系统识别、模型建立、性能评估和反馈修正等步骤。系统识别旨在通过实验或运行数据来识别系统的关键特性；模型建立则是基于识别结果创建数学或仿真模型，以便进行性能预测和优化；性能评估阶段需要评价当前控制策略达到的性能，并与优化目标进行比较；反馈修正则根据评估结果调整控制策略或系统配置，以更接近或达到优化目标。

随着计算技术和智能算法的发展，多目标优化将能够更加精细和高效地应用于多模态控制系统中。这将包括更复杂的系统模型、更高效的算法以及更加精确的实时优化策略。此外，云计算和大数据技术的引入亦能使得从大量数据中提取优化所需信息变得更加可行，从而进一步提升多模态控制系统的性能和智能化水平。

二、多目标优化问题的定义与分类

多目标优化问题在多模态控制系统中占据着尤为关键的地位，主要是因为在实际应用中，控制系统往往需要在多个性能指标之间寻求最优的平衡。这些性能指标可能包括但不限于系统的响应时间、精确度、能耗、成本及稳定性等。不同目标之间往往是相互冲突的，优化一个目标可能会恶化另一个目标的表现，因此，多目标优化问题的研究是至关重要的。

多目标优化问题（Multi-Objective Optimization Problem, MOOP）涉及同时优化两个或多个互相冲突的目标，在数学上通常表达为最小化或最大化目标函数矢量。每一个目标函数都代表了系统或模型在某一方面的性能指标。解决多目标优化问题的关键在于找到一个合适的权衡，即所谓的帕累托最优解。帕累托最优概念是由意大利经济学家Vilfredo Pareto提出的，指的是在没有其他解能在一个目标上取得更好的值而不会使得另一个目标的值变差的情况下，可以被认为是最优解。

在多目标优化中，传统的单一目标优化方法不再适用，因为这类方法无法同时考虑多个冲突的目标。因此，研究者们开发了多种方法来求解MOOP，这些方法大致可以分类为三个主要类型：权重法、约束法和非支配排序法。

权重法通过为每个目标分配一个权重将多目标问题转化为单目标问题，通过改变权重的设置可以得到不同的优化结果，从而探索出多个帕累托解。这种方法简单直观，但其主要的缺点是很难选择合适的权重，尤其是在目标个数较多时，权重的选择和调整变得非常复杂和主观。

约束法则是将除一个目标之外的其他目标转化为约束条件，这样就把多目标问题转化为单目标问题进行求解。通过调整约束的严格程度，可以得到不同的帕累托解。尽管这种方法在处理有明显主次关系的目标时很有效，但它也可能因为约束设定不合理而导致解空间过于狭窄或无解。

非支配排序法是一类更为先进的方法，它不是将多目标问题转化为单目标问题，而是直接在多目标的框架下寻找解。这种方法通过定义支配关系来排序不同的解，寻找那些在所有目标上都没有被其他解支配的非支配解。代表性的算法有基于进化算法的NSGA-II等。

上述每种方法都有其优缺点，因此在实际应用中，选择合适的方法需要根据问题的具体特性和需求来定。此外，随着人工智能和机器学习技术的发展，这些领域的最新算法也被逐渐应用于多模态优化控制系统中的多目标优化问题，如深度学习、强化学习等方法在处理非线性、高维度的优化问题时显示出了优势。

除了算法选择和开发外，实际应用中还必须考虑问题的模型化和计算资源。模型的精确度直接影响优化结果的可用性和实用性，而计算资源的限制则决定了能否在合理的时间内求出解。因此，多目标优化不仅仅是一个理论研究问题，还非常依赖于工程实践和技术进步的支持。

三、多模态系统中的目标权重分配

在多模态无人机系统的控制中，目标权重分配是一个至关重要的问题，影响系统综合性能的优化。多目标性能优化中，如何合理地分配每个控制目标的权重，是实现系统性能综合最优化的关键。目标权重的合理分配可以保证无人机在执行复杂任务时具备更高的灵活性和适应性，同时确保各性能指标能够在实际操作中达到最佳平衡状态。

多模态系统中，目标通常包括但不限于飞行安全性、速度、精确性、耗能最优等。每一目标背后都承载了系统运行的不同需求，如安全性通常关乎于无人机的飞行稳定性和故障避免机制；而速度则直接关系到任务的执行效率；精确性则是完成特定任务如精确投放、精细操作的基础；而耗能最优则是确保长时任务执行和成本效益的重要因素。

在进行权重分配时，首要考虑的是各目标的相对重要性以及它们之间的潜在冲突和协同效应。例如，提高速度往往会牺牲能效和可能降低飞行的安全性，因此如何在速度和安全性、能效之间做出权衡，是权重分配需要解决的问题。通常，这种权衡是通过建立一个综合的目标函数来实现，该函数结合了所有相关目标，并通过调整各目标权重来优化整体性能。

实际操作中，目标权重的设置往往依赖于任务需求和实时环境因素的变化。这要求控制系统不仅要能设置合理的初始权重，还要具备动态调整权重的能力，以适应外部环境和内部状态的变化。例如，在敌对环境中，安全性的权重可能需要被临时提高，而在能源紧张的情况下，能效的权重则需要增加。

为了更精确地进行权重分配，常见的方法包括但不限于专家经验法、数学优化算法以及基于数据驱动的机器学习方法。专家经验法依赖于领域内专家对不同性能指标重要性的理解和判断，这种方法简单直观，但可能缺乏精确性和客观性。数学优化算法，如线性规划、非线性规划等，可以在给定的约束条件下寻找最优权重分配方案，这类方法严谨而有效，但计算复杂度较高，且需要精确的模型和参数。而基于数据驱动的方法，特别是近年来兴起的机器学习技术，通过分析历史数据来预测和优化权重分配，这可以在复杂多变的实际环境中提供更加动态和适应性强的解决方案。

此外，还需要关注权重分配过程中可能出现的系统性偏差和误差问题。权重过度集中可能导致系统对某些极端情况的适应性不足，而过于平均可能使得系统无法在关键指标上达到预期效果。因此，如何设计有效的反馈和调整机制，确保权重分配的实时性和准确性，也是优化控制中不可忽视的一环。

四、启发式与元启发式算法在多目标优化中的应用

启发式算法是指那些采取试探法的优化算法，它们通常针对特定问题设计，以直观或经验的方法搜索解空间。这类算法通常具有较快的计算速度和较低的资源消耗，但它们的主要限制是可能只能找到局部最优解而非全局最优解。典型的启发式算法包括贪心算法、局部搜索算法等。

元启发式算法是一类高级的启发式算法，它们结合了随机性和局部搜索的策略，旨在克服单一启发式算法容易陷入局部最优的局限，以更大的概率搜索到全局最优解。这些算法通常不特定于任何一种特定问题，具有较高的通用性。常见的元启发式算法包括遗传算法、模拟退火算法、粒子群优化算法和蚁群算法等。

在多目标优化问题中，不同的目标间可能存在着冲突或者竞争关系，使得单一优化策略难以同时满足所有目标。因此，运用启发式和元启发式算法进行优化时需采用特定的策略以平衡各目标之间的权重，实现多目标的综合优化。

举例来说，遗传算法模拟自然遗传机制，通过选择、交叉和变异等操作进行解的进化，能够有效地处理多目标问题。在处理多模态控制系统的性能优化时，遗传算法能够通过设定适应度函数来综合考虑各个目标，如系统稳定性、响应速度和能耗等，通过种群的进化搜索到一组可能的最优解，从中选择最符合要求的解。

模拟退火算法是另一种常用的元启发式算法，通过模拟物理中的退火过程即将物料加热后再慢慢冷却的过程来寻找系统的最小能态来搜索最优解。该算法通过控制"退火"的升温和降温速率，使得搜索过程可以跳出局部最优，增加找到全局最优解的可能性。

粒子群优化算法灵感来源于鸟群的觅食行为，该算法中的每个粒子代表潜在的解，通过模拟鸟群飞行的方式更新自己的位置和速度，通过群体中最优解来指导其余粒子的搜索方向，适用于多目标优化中群体智能的应用。

蚁群算法模拟蚂蚁寻找食物的路径选择行为，通过蚂蚁在移动过程中释放信息素来指示路径的优劣，进而引导后来的蚂蚁选择路径。该算法适合处理那些路径优化问题，如网络路由优化、调度问题等，在多模态控制系统中可用于路径规划与资源分配等问题的优化。

五、多目标优化的约束处理技术

多目标优化问题在多模态控制系统中占据着核心地位，尤其是在追求系统性能的多方面提升时，如何适当处理约束条件成为了关键环节。约束条件在多目标优化中不仅限制了解空间，还影响着最优解的寻找效率和结果的可行性。因此，合理处理多目标优化的约束技术是实现高效可靠控制的前提。

多目标优化问题通常涉及多个彼此矛盾甚至相互冲突的目标函数。这些目标在实际控制系统中可能代表着能耗、成本、响应时间、精度等多种性能指标。而约束条件则定义了这些目标函数的可行解域。约束处理技术的核心是如何在满足所有约束的前提下，对多个目标进行权衡和优化。

在多目标优化的实践中，约束条件可分为等式约束和不等式约束。等式约束确保了解必须严格满足某些数学关系，而不等式约束则限制了决策变量的取值范围。合理地处理这些约束不仅关乎优化算法的设计，也直接影响到优化结果的实际应用价值。

约束条件的处理方法大致可以分为两大类：罚函数法和约束支配法。罚函数法是一种较为常见的处理策略，通过将约束违反度转化为额外的成本添加到目标函数中，使得违反约束的解在优化过程中因代价过高而被自然淘汰。这种方法的关键在于罚项的设计，包括罚项的形式和参数设置，这些都需根据具体问题仔细调整以避免对搜索过程的不当干扰。与罚函数法不同，约束支配法在解的选取过程中直接考虑约束条件。在这种方法中，解的优劣是按照其违反约束的程度和目标函数值共同决定的，即优先考虑约束满足度，对于满足所有约束的解再根据其目标函数值进行排序。这种方法能更为精确地处理复杂的约束关系，特别适合于约束条件极为严格或复杂的优化问题。

除了以上两种方法，还可以通过改进搜索策略或者采用启发式和元启发式算法来增强约束处理的能力。例如，遗传算法、粒子群优化算法和蚁群算法等都可以结合特定的约束处理策略，提供更为灵活和有效的优化工具。

在多模态控制系统中应用多目标优化的约束处理技术，还需要考虑到系统的实时性、稳定性和鲁棒性等因素。因此，在设计约束处理策略时，不仅需要理论上的刚性分析，还应依据实际系统的具体需求和环境条件进行适应性设计。例如，在航天或航空领域，考虑到安全性的重要性，对于约束的处理将更倾向于保守和精确；而在资源较为丰富或成本更为重要的商业应用中，则可能更注重成本效益的平衡。

通过上述讨论可以看出，多目标优化在多模态控制系统中所面临的约束条件多样化与复杂性高，相应的处理技术也应多元化并具备高度的灵活性和扩展性。系统地研究和开发适用于具体应用场景的约束处理技术，对于提升多目标优化的实际应用效果和普适性具有重要的理论和实际意义。

六、实例分析：具体多模态控制系统的优化

在研究多模态控制系统的优化时，实例分析显得尤为重要，因为他们直接展示了理论如何应用于实际问题，从而实现多目标性能的优化。本节将重点讨论一个具体的多模态控制系统实例，以及如何通过具体策略和技术实现系统性能的优化。

探讨这一主题首要关注的是多模态控制系统的定义及其组成。多模态控制系统通常指的是那些能够在不同的操作模态下工作的系统，这些操作模式相对应于系统的不同配置、环境条件或使用需求。例如，在无人机系统中，多模态性可能体现在不同的飞行模式、负载条件，或是在不同环境因素（如风速、温度）下的工作状态。

接下来，实例分析的核心是突出多目标性能优化的策略和方法。多目标性能优化旨在同时提升或最优化多项性能指标，这可能包括系统的效率、速度、精度和耐用性等。在面对具体多模态控制系统时，关键在于如何设置优化问题、确定优化目标、选择合适的优化算法。

无人机的多模态控制系统，其优化问题通常涉及飞行时间的最大化、能源消耗的最小化、以及飞行稳定性的优化。在设定优化目标时，我们需要综合考虑无人机的载重能力、飞行距离、以及应对突发环境变化的能力。

为了解决这一多目标优化问题，运用多目标优化算法变得非常必要。例如，可以使用基于Pareto最优解的进化算法来找到在各目标间权衡最优的解决方案。该算法可以有效地处理不同目标之间的冲突，寻找到能同时满足多种性能指标的系统配置。

实施优化控制的另一关键环节是模型的准确建立和系统识别。这包括对无人机的各个模态下的动力学进行精确的数学描述，以及对环境和系统内部未知因素的建模。精确的模型是优化控制成功的前提，它确保了控制策略可以精确地对系统行为进行预测和调节。

系统的性能验证也是优化过程中不可或缺的一环。这通常通过仿真和实地实验相结合的方式来完成。仿真可以在初期阶段筛选优化策略，减少实际实验中的资源消耗。实地实验则能够验证仿真模型和优化算法在实际操作中的有效性和可靠性。

此外，考虑到多模态控制系统的复杂性和多变性，持续的监控和自适应调整机制也是优化过程中的一个重点。这包括利用机器学习技术实时调整控制策略，以适应环境的变化和系统状态的更新。

通过上述方法和策略的具体应用，可以显著提高多模态控制系统如无人机在复杂动态环境中的性能，实现系统运行的最大化效率和效果。这不仅增强了系统的实用性和竞争力，也推动了多模态控制技术的进一步发展和应用。

七、未来研究方向及挑战

在探讨多模态无人机系统的多目标性能优化问题时，我们不仅需要分析现有的方法和技术，还必须前瞻性地考虑未来的研究方向及所面临的挑战。这些挑战不仅涉及技术层面，还包括理论、实用性以及安全性等多个维度。

首先需认识到，多模态无人机系统运用的环境通常复杂多变，如何在保证系统灵活性与适应性的同时，进行有效的性能优化，是一个核心问题。这需要我们从无人机的动态建模、控制策略的设计、到最终实施过程中的各个环节进行深入研究。

动态建模是理解和预测无人机行为的基础，但多模态无人机系统的动态性增加了模型的复杂度。传统的线性模型已难以满足需求，如何建立高效且准确反映各种模态特性的非线性模型，是未来的一个研究重点。此外，模型的实时更新与适应性调整，以应对外界环境的突变，是确保多模态无人机长时间有效运作的关键。

在控制策略方面，多目标优化问题尤为复杂。多模态无人机不仅要完成多种任务，还需在各种运行模式间切换，每种模式对应一套优化目标。如何设计出能同时满足如效率、精度、速度和安全等多重指标的控制算法，是一个技术难题。此外，这些控制策略还必须具备高度的鲁棒性，能够在面对未知或变动较大的环境时，自我调整以维持系统的稳定性。

实用性是另一个考量重点，因为理论和模拟研究成果需要在真实世界中得到验证。如何将理论研究转化为实际可行的技术，不仅需要考虑经济成本，还要考虑操作的简便性和可扩展性。此外，随着无人机应用场景的不断拓展，如何定制或调整现有控制系统以适应新的应用环境，也是技术研发中的一个重要方向。

安全性是不容忽视的一环，特别是在多模态无人机越来越多地参与到人类生活的各个领域时，除了物理安全性外，信息安全也越来越重要。控制系统如何抵御外部的攻击或干扰，确保无人机系统的安全稳定运行，是必须解决的问题。对于多模态无人机而言，因其运用的场景和任务更为广泛，安全问题也更为复杂。

综上所述，未来在多模态无人机的多目标性能优化方面，我们将面临如何提升模型准确性、控制策略的智能化、算法的实用化和系统的安全性等一系列挑战。研究和开发不仅需聚焦于技术和理论的创新，更应关注如何将研究成果高效转化为实用技术，并在多种操作环境中确保无人机的安全和高效。这将是一个跨学科、多领域的综合性挑战，需要技术工作者、企业以及政策制定者共同合作，推动多模态无人机技术向前发展。

第五章
多模态无人机控制策略设计

第一节 基于状态估计的多模态切换控制

一、多模态无人机的状态估计技术概述

在多模态无人机系统中，状态估计不仅涉及对机体自身位置、速度、姿态等基本物理状态的监测，还需要对环境因素如风速、障碍物位置等进行估计，以实现无人机的稳定飞行和任务执行。

状态估计技术基于对无人机各种传感器数据的融合处理，包括但不限于惯性测量单元（IMU）、全球定位系统（GPS）、光流传感器、雷达和视觉摄像头等。数据融合后的处理结果有助于创建一个全面的环境和自身状态的真实时间图景，是多模态无人机能够理解自身状态与外界环境的基础。

具体到传感器，IMU负责提供无人机的加速度和角速度信息，是进行姿态控制不可缺少的部分；GPS提供全球范围内的精确位置信息，支持无人机进行大范围移动时的导航；光流传感器通过分析地面图片的像素移动来估测无人机相对地面的速度，常用于无GPS信号的室内环境或低空飞行；视觉传感器则可以用于对象识别、障碍物避让和场景理解，提供更为丰富的环境信息。

在多模态无人机控制中，状态估计技术的应用主要包括以下几个方面：

（1）模式融合：在不同的飞行环境和任务需求下，无人机可能需要在固定翼模式和旋翼模式之间切换进行操作，或需要在这两种模式之间进行混合控制。有效的状态估计可以保证这种模式切换的平滑和安全，通过准确的速度和位置估计，提前准备相应的飞行参

数调整。

（2）环境感知与反应：状态估计通过对外部环境因素的实时监控和预测，使无人机能够及时应对突发事件。例如，在遇到强风或突然出现的障碍物时，状态预测机制可以促使无人机迅速调整飞行策略，避免可能的危险。

（3）故障诊断与管理：通过持续的状态估计，可以对无人机的各个部件进行健康监测。一旦发现性能下降或潜在的故障迹象，系统可以即刻警报并采取措施，这对于维护无人机的长期操作稳定性至关重要。

（4）能效管理：在飞行过程中，持续的状态监控有助于优化能源使用，保障任务完成时的能源效率。例如，通过精确的飞行状态数据，可以对电池消耗速度进行预测并调整飞行路径和速度，以延长电池寿命。

当前，实现高效可靠的状态估计技术面临诸多挑战，包括传感器误差的处理、不同传感器数据融合算法的优化、以及在复杂环境中维持高精度估计的能力等。解决这些技术挑战，需要不断地研究和发展更先进的算法和模型，如卡尔曼滤波器、粒子滤波器等，以及利用机器学习方法对无人机状态的动态变化进行建模和预测。

二、状态估计在切换控制中的角色和重要性

在多模态无人机的控制系统设计中，状态估计扮演着关键性的角色，特别是在模式切换的过程中，其重要性更是不言而喻。状态估计主要指的是以数学和统计方法通过系统可获得的有噪声测量来估计系统的内部状态。无人机在执行飞行任务时，会遇到各种复杂的外部环境和内部参数的变化，这就要求无人机的控制系统能够实时、准确地获取当前状态信息并作出快速反应，以保证飞行安全和任务执行的效率。

无人机的状态估计涵盖诸多元素，包括但不限于位置、速度、姿态等。这些状态参数的精确估计是实现高效切换控制的前提。状态估计不仅可以提供无人机当前的运行数据，还能预测未来的状态变化，这对于在不同飞行模式间切换尤为重要。

多模态无人机在执行复杂任务，如环境监测、搜索救援时，可能需要在固定翼模式与旋翼模式之间切换，以适应不同的飞行环境和任务要求。在这种模式切换过程中，状态估计确保了无人机控制系统能够根据当前和预测的数据做出最合适的控制决策。例如，从旋翼模式切换到固定翼模式时，无人机需要在一定的速度和高度下进行转换，状态估计系统能通过实时监测和预测飞行状态来指导无人机达到这些具体的转换条件。

状态估计对于切换控制的另一个重要性体现在它对于飞行安全的贡献。在任何模式切换过程中，特别是在紧急情况下的快速模式转换，准确的状态估计可以及时发现潜在的飞

行风险并采取措施，例如风速的突然变化可能会影响无人机的飞行稳定性，通过有效的状态估计，无人机能够迅速调整飞行参数，从而避免可能的事故。

此外，状态估计还大大提高了多模态无人机的适应性和灵活性。通过对不同飞行状态的准确感知，无人机能够根据任务需求或外部环境的变化，灵活地调整飞行策略和控制策略。这种适应性对于在复杂环境中保持高效和安全的任务执行至关重要。

在技术实现方面，状态估计往往依靠多种传感器数据合成与数据融合技术。传感器如陀螺仪、加速度计等提供关于无人机动态的直接测量，而高级的滤波技术如卡尔曼滤波器则用于从这些测量中去除噪声和误差，提供更加稳定和准确的状态估计结果。这种高级的数据处理不仅增强了状态估计的准确性，也使得无人机能够在更加复杂多变的环境中稳定工作。

考虑未来发展，状态估计技术的进一步提升将依赖于算法的优化以及新型传感器技术的应用。深度学习等人工智能技术的引入预计将进一步增强状态估计的效能，使之在更复杂的场景中能够提供更为精准的数据支持，从而为多模态无人机的智能控制与自动化操作开辟新的可能。

三、状态观测器的设计与实现

在设计多模态无人机的控制系统中，状态观测器的开发与实施是确保高效与准确控制的关键环节。无人机在复杂的动态环境中执行任务时，其状态信息的精确获取尤其重要。由于无人机的运行环境多变且存在各种干扰，直接测量某些状态参数往往不易实现或成本较高，因此状态观测器的作用就显得尤为重要。

状态观测器主要用于估计系统的内部状态，这些状态可能无法直接测量。通过设计有效的观测器，可以从可测的输出反推出无法直接测量的状态信息。常见的状态观测器包括卡尔曼滤波器、Luenberger观测器等。在多模态无人机的控制系统中，设计合适的状态观测器不仅可以提高系统的控制精确性，还能增强系统的鲁棒性和适应性。

设计状态观测器首要的任务是根据无人机的动态模型选择合适的观测器类型。动态模型描述了无人机在不同模态下的动态行为，如飞行模式与悬停模式等。每种模态下，系统的动力学特性和控制需求可能不同，观测器的设计必须能够适应这些差异。

卡尔曼滤波器是一种有效的状态估计方法，它能够在噪声的影响下提供最优的状态估计。在多模态无人机的应用中，扩展卡尔曼滤波器和非线性卡尔曼滤波器，如无迹卡尔曼滤波器被广泛用于处理非线性系统的状态估计问题。通过将系统模型、控制输入及测量输出整合，这类滤波器可以不断更新对无人机状态的预测，并修正预测误差。

Luenberger观测器则适用于线性系统的状态估计，其设计简单且计算效率高。通过调整观测器的增益，可以达到快速且准确的状态估计效果。在多模态无人机系统中，设计者需要针对不同飞行模态调整Luenberger观测器的参数，以适应系统动态特性的变化。

另一个关键的设计问题是如何确保观测器的稳定性和鲁棒性，特别是在面对模型不确定性和外部干扰时。这通常需要在观测器设计中引入鲁棒控制策略，或者采用自适应算法来调整观测器参数。例如，可以通过实时监测环境变化和系统响应来动态调整滤波器的协方差，从而优化估计性能。

在实现状态观测器的过程中，实时性也是一个不可忽视的因素。无人机系统通常需要在极短的时间内做出响应。因此，状态观测器不仅要准确，还要快速。这要求观测器的算法必须足够高效，以便在有限的计算资源中快速处理信息并输出状态估计。

此外，观测器的实施还需要考虑到与无人机其他控制和导航系统的集成问题。状态观测器的设计不是孤立的，它需要与飞控系统、导航系统及其他感知系统协同工作。这就要求设计人员不仅要精通观测器技术，还需要对整个无人机系统有深入的理解和综合考虑。

最终，实现一个既精确又鲁棒的状态观测器是多模态无人机系统控制策略成功的关键。通过有效的状态估计，无人机能够准确地感知自身状态和外部环境，从而进行高效的飞行控制和任务执行。故此，观测器的设计与实施是连接无人机理论与实践的桥梁，对于推动无人机技术的应用与发展具有重要意义。

四、状态估计误差分析

由于无人机在执行复杂任务，如环境探测、搜索救援或军事侦察时，往往需要在不同的模态间切换以应对多变的环境和任务需求，因此状态估计的准确性直接影响到无人机系统的稳定性和响应能力。在这一背景下，分析状态估计所产生的误差，成为确保无人机安全、高效运行的关键。本节将详细探讨状态估计误差的来源、影响以及控制方法，为多模态无人机的可靠运行提供理论指导和实践方案。

状态估计误差的来源主要可以归结为以下四个方面：传感器误差、外部环境因素干扰、模型不准确和数据处理延迟。传感器误差是因为传感器自身的不完善和老化引起的测量偏差，例如温度、湿度传感器在极端环境下可能出现的非线性响应或漂移；外部环境因素，如电磁干扰、气象条件变化等，也会对无人机的传感器数据产生影响，从而影响状态估计的准确性；此外，所采用的动态模型与真实系统之间的差异，也会导致状态估计误差；数据处理延迟即信息从采集到处理存在的时间差，尤其在高动态环境下，此延迟会显著影响控制系统的实时反应能力。

状态估计误差的影响是多方面的。首先，误差会直接影响到无人机的控制质量和精确度。例如，在精确打击或紧密编队飞行等需精细操作的任务中，估计误差可能导致误差累积，影响任务的执行效果。其次，较大的状态估计误差有可能导致系统的不稳定甚至失控，尤其是在自动切换飞行模式时。此外，状态估计误差还可能增加无人机对外界突发事件的响应时间，降低系统的适应性。

考虑到这些影响，提出的状态估计误差控制方法包括以下四个方面：首先是优化传感器网络设计，通过选用高精度、抗干扰能力强的传感器，或者增加传感器的冗余度，可以从源头减少误差；其次，改进数据融合算法以减小不同来源数据间的不一致性，例如运用卡尔曼滤波器或粒子滤波器，可以有效整合各种传感器数据，减少误差；再次，更新和优化状态估计所用的动态模型，使之更加贴近实际系统的动态行为，同样可以减少模型不匹配带来的误差；最后，增强系统的计算处理能力，缩短数据处理的时间延迟，对提高系统的实时性和减少误差亦是必不可少。

五、基于估计状态的控制策略切换机制

无人机在执行任务过程中，常常需要在不同的飞行模式之间切换，例如从垂直起飞模式切换到平行飞行模式，或者在遇到紧急情况时切换到安全模式。这种模式的切换需要依赖于无人机当前的状态估计来制定最合适的控制策略。

状态估计是通过一系列传感器收集的数据，利用数据融合技术结合无人机的动态模型来预测无人机的当前及未来状态。有效的状态估计不仅可以提高无人机的操作准确性，还能增强其对不确定环境的适应能力。状态估计的准确性直接影响到控制策略的有效性和无人机的性能。

控制策略切换机制涉及在无人机的多种操作模式之间进行平滑且快速的转换。这个机制的设计首先依赖于对无人机各种状态的精确判断。例如，无人机在执行环境监测任务时，可能需要在巡航模式和悬停模式之间切换，以应对地形的变化或是突发的环境因素。这种切换应当是自动进行的，基于连续的状态估计。

控制策略的切换不仅需要考虑到无人机的物理限制和当前操作环境，还应当考虑到任务的需求及时效性。因此，控制策略切换机制的设计必须是动态的，能够根据实时估计的状态数据，调整无人机的飞行模式和控制参数。例如，当无人机的电池电量低于某一阈值时，系统应能自动从任务模式切换到最近的充电站飞行模式。

此外，控制策略切换还应该具备高度的灵活性和可扩展性，以适应未来技术的发展和新型任务的需求。设计时还需考虑到系统的安全性，确保在任何情况下的切换都最大程度

地保护无人机及其搭载的有效载荷不受损。

在建立这种切换机制时，通常会借助先进的控制算法，如模糊逻辑控制、自适应控制和神经网络等，这些算法可以根据输入的状态估计结果自动调整控制策略。这需要在无人机的控制系统中嵌入高效的计算模块，以实时处理大量的传感器数据，并作出精确的飞行控制决策。

最终，基于估计状态的控制策略切换机制的成功实现将显著提升多模态无人机的操作灵活性和任务适应性，进而推动无人机技术在多个领域的应用和发展。这种机制对无人机的自主性、效率和安全性的提升有着不可忽视的作用，是多模态无人机控制系统设计中的一个重要研究方向。

六、实验与仿真验证

多模态无人机系统在执行复杂任务时，控制策略的设计至关重要。本节重点介绍基于状态估计的多模态切换控制策略，并通过实验与仿真验证来展示其有效性与实用性。该控制策略主要采用高级的状态估计技术，以精确地估计无人机的当前状态，并根据状态的变化自动调整飞行模式，从而优化无人机的性能和响应能力。

在详细介绍实验与仿真验证之前，先对多模态无人机系统在不同环境下可能遇到的动态变化进行分析。动态变化包括但不限于气象条件的变化、地理环境的突变以及任务要求的即时调整等。这些因素要求无人机控制系统必须具备高度的适应性和灵活性。基于状态估计的控制策略通过实时收集环境和系统自身的数据动态调整飞行状态和模式切换，以应对这些复杂的变化情况。

仿真验证首先在计算机模拟环境中进行。通过软件工具模拟无人机在多种预设环境下的飞行，观察不同飞行模式下无人机的行为表现和系统的稳定性。仿真环节根据无人机系统的实时数据及环境数据进行详尽的数据分析，评估状态估计的准确性及控制策略的响应速度和效率。这一阶段可以大幅度减少实际飞行测试中可能出现的风险和成本。

接下来，实验验证是在实际条件下进行，包括在不同类型的地理环境和不同气象条件下的飞行测试。实验中，无人机装备有各种传感器和状态估计装置，能够实时传送飞行数据回控制中心。实验验证主要关注控制策略在实际应用中的稳定性和可靠性。测试过程中，通过不断调整控制参数，优化飞行路径和切换策略，以实现最佳的飞行效率和最高的任务完成率。

在实验与仿真的过程中，数据收集与分析也是一个重要的环节。通过对飞行数据的详细记录和分析，可以进一步改进状态估计算法和控制策略。数据分析不仅包括飞行性能的统计评估，也涉及对飞行中出现的任何异常情况的深入研究。例如，如果在某个飞行模式下出现稳定性问题，分析团队追踪问题原因，可能是状态估计的不准确导致控制策略应答不恰当。

此外，安全性评估是实验与仿真验证中不可或缺的一部分。考虑到多模态无人机在复杂环境中的应用场景，确保控制策略在各种极端或不常见情况下仍能保持高度的安全性和可靠性至关重要。通过设置特定的安全性测试场景，验证控制系统在面对系统故障、传感器失效或外部干扰等紧急情况下的表现。

七、案例研究与应用展示

多模态无人机系统通常涉及多种飞行模式，如固定翼飞行模式和直升机飞行模式等，这些不同的飞行模式能够让无人机在各种环境和任务需求中展示不同的飞行性能和功能。多模态切换控制主要目标是使无人机能够根据外部环境和任务需求的变化，自动切换至最合适的飞行模式，以达到最佳飞行表现和任务执行效率。

基于状态估计的控制策略是这一过程的核心，它涉及对无人机当前状态的持续监测和分析，包括其飞行速度、姿态、位置以及外部环境因素等。状态估计不仅需要准确反映无人机的即时状态，还应能预测短期内的状态变化，从而提前准备模态切换。

以一个实际应用进行分析，假设一架多模态无人机在执行森林火灾侦察和监控任务中，它需要在高速固定翼模式下进行快速区域搜索，当发现火情点后，需迅速切换到直升机模式以实现悬停和精确位置监控。在这一过程中，无人机的控制系统通过实时状态估计来捕捉火点的具体位置和火势大小，同时评估周围环境如风速和障碍物等信息，以决定是否或何时进行飞行模式的切换。

状态估计的准确性直接影响到切换控制的时效性和安全性。例如，在火灾侦察中，如果状态估计误差较大，可能导致无人机在切换到直升机模式时位置不精确，从而影响任务的执行效果，甚至可能因为误入高温区域而损伤设备。

为了优化此类多模态切换控制策略，研究者通常会采用多种传感器融合技术，如GPS、惯性测量单元（IMU）和光学摄像头等，来提高状态估计的准确性。此外，机器学习方法也被广泛应用于状态预测和切换决策过程，通过对大量飞行数据的学习与分析，模型能够实时调整控制参数，提高控制策略的灵活性和智能性。

具体到无人机控制系统的设计，开发人员需要对各种模式下的飞行动力学进行深入研究，并根据这些特性调整控制算法以适应不同模式的切换。在软件实现上，通常采用模块化设计，每个模块负责处理特定模式下的控制逻辑，而高层的策略选择模块则根据状态估计模块提供的信息来决定模态切换。

在进行实际部署前，这些控制策略需要在各种条件下进行充分的测试和验证，以确保其在实际应用中的稳定性和可靠性。无人机仿真系统是这一测试过程不可或缺的工具，通过在虚拟环境中模拟各种飞行场景和紧急情况，研发团队能够有效地调试控制程序并优化状态估计算法。

随着技术的不断进步和应用需求的日益增长，基于状态估计的多模态无人机切换控制技术将继续向着更高的智能化和自动化方向发展。这不仅增强了无人机的应用灵活性，也为其他复杂系统的控制提供了宝贵的经验和参考。通过不断地探索和实践，未来无人机控制将更加精准、高效地服务于各种复杂且关键的任务执行中。

第二节　面向多模态无人机的自适应切换控制策略

一、多模态无人机自适应控制系统的设计框架

在探讨多模态无人机自适应控制系统的设计框架时，我们需要关注的是整个控制系统的内部工作机制、各个构件的功能以及如何通过自适应技术来优化无人机在复杂环境中的性能表现。此控制框架的设计旨在使得无人机能够在执行多种任务或面对不同环境条件时，实现高效、灵活的控制策略切换，并保持系统的稳定性和可靠性。

设计多模态无人机的自适应控制系统的核心在于必须具备识别和响应环境变化的能力。这通常涉及对多种传感数据的实时处理及分析，如视觉、声纳、雷达等信息的综合季用，以便无人机能够自主判断当前所需的操作模式。在此基础上，控制系统应能够根据不同模式选择合适的控制算法或参数，从而优化飞行性能和任务执行效率。

自适应控制系统的设计通常包含以下几个关键组件：

（1）感知与数据融合模块：此模块负责从多种传感器收集数据，并对数据进行融合处理，确保控制系统可以获得准确而全面的环境和状态信息。使用高级的数据融合技术可以减少信息的冗余，提高处理效率和响应速度。

（2）状态估计与模式识别模块：基于接收到的传感数据，此模块用于估计无人机的当前状态并识别其所处的模式。例如，无人机在进行地形跟踪任务时的飞行模式将与进行

搜索救援时的模式不同。有效的模式识别为控制策略的切换提供了决策基础。

（3）控制策略库：这是一个包含多种控制算法和参数设置的库，每种控制策略适应于一种特定的飞行模式或任务需求。控制策略的适应性是自适应控制系统的关键，它允许系统根据当前模式快速调整操作参数。

（4）决策与执行模块：该模块负责根据模式识别结果和当前状态选择最恰当的控制策略，并驱动无人机按照选定策略进行操作。这一过程需要高度的自动化和快速响应能力，以确保无人机在复杂的环境中能够稳定运行。

（5）学习与适应机制：为了提高控制系统的鲁棒性和适应性，设计中应加入机器学习模块，使无人机能够从历史飞行数据中学习，并优化其控制策略。此外，适应机制也可以实时调整控制参数，以应对未知或变化的环境条件。

进一步来说，为了保证设计框架的高效性和可操作性，还需要考虑系统的模块化和接口标准化，这样可以在不同的系统部件之间实现高效的信息交换和动态整合。除此之外，安全机制的设计也是不可忽视的一部分。系统应具备故障检测、诊断和容错能力，以防无人机在关键任务中由于某些意外情况失去控制。

综合上述各方面的设计考量，多模态无人机的自适应控制系统应当是一个综合感知、智能决策和高效执行的全方位系统，它通过不断的自我优化和学习，能适应多变的环境和任务需求，提高任务执行的准确性和效率，从而在复杂动态环境中确保无人机的性能和安全。

二、环境与任务因素对控制策略的影响

在多模态无人机的控制策略设计中，环境与任务因素对控制策略拥有极为重要的影响。多模态无人机操作环境的复杂性和多变性要求无人机控制系统能够适应各种外部条件的变化，确保任务执行的高效性和安全性。因此，对环境与任务因素如何影响控制策略进行深入研究，对提升多模态无人机的性能和应用范围具有重要意义。

环境因素主要包括自然环境和人为环境两大类。自然环境因素涉及天气条件、地形变化、气温、湿度等，这些因素会直接影响无人机的飞行状态和控制系统的稳定性。例如，在强风条件下，无人机需调整其姿态控制策略，以保持稳定飞行；在高温环境中，可能需调整电子设备的散热措施，以避免过热导致的设备失败。人为环境因素则包括无线电干扰、建筑物阻挡等，这些因素同样需要无人机控制系统具有相应的应对策略，如通过增强信号处理算法来抵抗无线电干扰。

任务因素的影响则表现在任务的类型、复杂度和执行的紧急性等方面。不同的任务对

无人机的性能和控制策略提出了不同的要求。例如，搜救任务中，无人机可能需要在复杂多变的环境条件下迅速响应，并要求控制系统能够实时地适应环境变化，确保搜救效率。而在巡检任务中，无人机可能需要长时间稳定飞行，并能自动识别和记录异常信息。此外，无人机执行紧急任务时，控制系统还应能够优先处理与任务相关的数据，以快速完成任务目标。

为了应对这些复杂的环境和任务因素，设计有效的自适应切换控制策略显得尤为关键。自适应控制策略能够根据环境和任务的实时数据，动态调整无人机的控制参数和行为，从而适应各种外部条件的变化。这种控制策略通常包括感知环境的传感器网络、数据处理算法和控制算法动态适配模块等。无人机通过传感器收集外部环境和内部状态的数据，数据处理算法对数据进行分析和处理，提取出对当前任务有用的信息，然后通过控制算法动态适配模块调整飞行策略或行为，满足最适合当前环境和任务需求。

实施自适应切换控制策略的难点在于如何准确预测环境和任务的变化，并快速生成响应策略。这需要建立精确的环境与任务模型，并通过机器学习等方法提高模型的预测能力和适应能力。此外，实时性是自适应切换控制策略的另一个挑战，因为环境和任务的突然变化往往要求无人机控制系统能够在极短的时间内完成分析与调整。

因此，在设计多模态无人机的控制策略时，开发者需要考虑如何整合不同的技术，例如增强的感知技术、先进的数据处理算法和高效的动态调整控制算法以制定出一个既能适应环境变化又能满足任务需求的控制策略。此外，还需考虑控制策略的安全性和可靠性，确保在各种复杂的环境和任务条件下，无人机能够安全有效地完成任务。

三、自适应切换算法的理论基础

多模态无人机作为一种高度复杂的飞行器系统，具备在不同的模态之间切换的能力，例如从固定翼飞行模式切换到旋翼飞行模式。为了应对多模态无人机在不同飞行环境和任务要求下的高动态变化，自适应切换控制策略显得尤为重要。该策略不仅需要保证无人机在各种模态下的稳定性和高效性，还要应对各种未知的、动态变化的外部环境因素和内部参数的不确定性。

自适应切换控制算法基于控制理论中的自适应控制方法，利用实时反馈调整控制器参数，以适应系统动态行为的变化。在理论基础上，此类算法通常包括模型参考自适应控制、自适应动态规划等多种方法，这些方法均以系统的稳定性和鲁棒性为核心目标。

模型参考自适应控制是一种基本的自适应控制技术，其核心思想是设计一个参考模型来描述无人机在理想状态下的动态行为，并使实际无人机的动态行为通过调整控制律尽可能地跟踪这个参考模型。这种方法通常需要对无人机的动态模型有准确的先验知识，但在多模态无人机系统中，由于模态间的差异性及其在特定环境中的行为可能超出先前的模型描述，使得传统的模型参考自适应控制面临挑战。

为应对这一挑战，自适应动态规划在多模态无人机的自适应切换控制策略中扮演了重要角色。该方法不仅考虑了控制策略的即时性能，更重视其长期效果的优化。自适应动态规划通过构建和解决最优控制问题，实时地更新控制策略以应对未知的或者变化的环境条件。它通过学习过程逐渐优化控制策略，使无人机的性能接近于理论最优。这种方法在多模态无人机控制中尤为有效，因为它能够处理不同模态间控制策略的切换，并优化在复杂环境中的适应性和灵活性。

除了上述理论方法，神经网络等机器学习技术也在自适应切换控制算法中得到应用。通过训练神经网络模拟无人机在不同模态下的动态行为，可以在无需精确数学模型的情况下，进行控制策略的自适应调整。这一点对于实际应用中的多模态无人机而言尤为重要，因为在许多情况下，系统的确切动力学参数可能难以提前准确获得。

四、自适应切换控制策略的仿真分析

自适应切换控制（Automatic Selectivity Control，ASC）策略是一种高级控制策略，通过实时监测无人机的状态和环境变化，自动调整控制参数，以适应多种不同的飞行模态。该策略基于动态系统理论和自适应控制理论，可以应对多模态无人机在不同飞行阶段和任务执行过程中的动态变化。

仿真分析的首要任务是验证自适应切换控制策略在多模态无人机控制中的应用性能。仿真模型首先设置了几种典型的飞行环境和任务，包括静态飞行、快速移动目标跟踪和复杂气流中的稳定飞行。在不同环境中，模型都会模拟外部环境对无人机的影响，以及无人机对这些影响的响应。

在静态飞行仿真中，ASC策略通过实时监控无人机状态，调整飞行控制参数，以保持无人机在预定航线上稳定飞行。结果显示，与传统的PID控制相比，ASC策略大大减少了无人机对气流干扰的敏感性，提高了飞行的精确性和稳定性。

针对快速移动目标跟踪的场景，仿真设置了无人机需要快速调整飞行模态，以跟踪地面或空中移动的目标。在这种复杂的动态追踪任务中，ASC策略展现出超越传统控制方法的优势：无人机能够更快地适应目标速度的变化和预测目标的移动轨迹，有效地保持了与目标的距离和角度，保证了任务的顺利完成。

在仿真复杂气流中的稳定飞行时，控制系统需要处理由于突然强风或气流不稳定导致的影响。ASC策略能够分析这些外部动态因素，并实时调整飞行器的姿态和推力输出以抵抗气流造成的飞行路径偏离和稳态扰动。仿真结果表明，ASC策略在这种环境下大幅提升了无人机的抗干扰能力和飞行安全性。

通过以上三种不同场景下的仿真分析可以看出，面向多模态无人机的自适应切换控制策略能够显著提升无人机在复杂动态环境中的性能表现。该控制策略不仅增强了系统的鲁棒性和适应性，而且通过自适应机制优化了控制过程，使无人机能够更加灵活和有效地应对不同的飞行条件和任务要求。

结合实验验证和仿真分析，自适应切换控制策略的研究为多模态无人机的控制提供了一种新的思路和方法。通过进一步的研究和开发，这种控制策略有望在未来无人机技术中发挥更大的作用，特别是在执行复杂多变任务和操作在极端环境中的无人机系统。

五、实际应用中的问题与解决措施

在实际应用中，多模态无人机系统面临许多挑战，这些挑战主要来源于系统的动态环境、任务复杂性以及技术限制等因素。为了有效地解决这些问题，自适应切换控制策略成为一种重要的解决方法。

多模态无人机系统通常需要在不同的飞行模式之间切换，例如从固定翼模式切换到直升机模式，这种模式的转换不仅要求控制系统能够处理高度动态的变化，还需保证切换过程的平稳与安全。动态环境的不确定性和外部干扰是实际操作中常见的问题，对控制系统稳定性和效率提出了更高的要求。例如，强风或者突发的气象变化可能会影响无人机的稳定性和航向控制。

解决这一问题的一个重要措施是开发一种高度自适应的控制策略，能够实时监测环境和系统状态，动态调整控制参数。采用机器学习方法，特别是强化学习，可以设计出能够根据环境反馈自我优化的控制算法。通过持续学习与调整，无人机可以在面对未知环境或者不同任务要求时，自动选择最优的飞行模式和控制参数。

此外，任务复杂性也是一个重要考虑的问题。多模态无人机往往需要执行复合任务，如侦察与货物运输的组合，这些任务要求无人机不仅要有高效的飞行能力，还要有精确的任务执行能力。在这种情况下，控制系统需要具备高度的任务调度与管理能力，以及快速的决策制定能力。一种有效的方法是通过构建任务优先级队列和实时的任务管理系统，使无人机能够在完成主要任务的同时灵活调整飞行模式和路径，以适应突发情况或者任务更新。

技术限制也是制约多模态无人机应用的一个重要因素。例如，现有的传感器和执行器可能无法满足所有情况下的精确控制要求。针对这一问题，研究与开发更先进的传感器和执行系统是根本解决之道。同时，提高系统的冗余性，例如使用多传感器融合技术，可以在某一传感器失效时，由其他传感器接替其功能，确保系统的稳定性和可靠性。

结合以上措施，还需考虑系统的整体设计，包括硬件平台和软件算法的优化。硬件上，设计更轻质、更高能效的材料和结构，能够提升无人机的性能和适应能力；软件上，除了进一步开发高效的算法外，还需要增加系统的可扩展性和模块化，使其能够轻松升级和维护。

第三节　多模态无人机鲁棒控制算法设计

一、鲁棒控制的概念与原理

鲁棒控制概念源于控制论领域，目的在于设计出能够适应不同模型不确定性和外部干扰的控制器。鲁棒控制的基本思想是确保系统的性能在一定结构与大小的参数扰动下仍能保持预定的性能标准和稳定性。对于多模态无人机而言，这一概念显得尤为重要，因为它们常常在多变的外部环境中执行任务，且执行的任务类型多样，需要系统具有高度的适应能力和鲁棒性。

无人机控制系统的设计通常包括几种基本参数和动态特性的考虑，例如飞行动态、姿态稳定性等。鲁棒控制策略的设计首要考虑是系统模型的不确定性。无人机的动力学模型复杂，涉及多个不确定参数，如风速、气压、及其它环境因素的影响，这些不确定性可能会导致无人机从预定轨迹偏离或性能下降。鲁棒控制策略通过设计控制器来补偿这些不确定性，确保无人机能够在各种工况下保持稳定性和可靠性。

设计鲁棒控制算法时，控制器的结构和参数需要精心选择。一种常见的鲁棒控制方法是H_∞控制器设计。H_∞控制策略通过优化一个性能指标来设计控制器，该指标反映了在最坏情况下系统性能的损耗。通过这种方法，即使在面对不确定性和外部干扰时，无人机系统的性能也可以被保证在一个可接受的范围内。

除了H_∞控制，滑模控制也是一种有效的鲁棒控制技术，尤其适用于处理具有不确定性的非线性系统。滑模控制策略设计一个切换表面，一旦系统状态达到这个表面，则通过切换控制策略迫使系统状态沿着这个表面滑行，从而实现快速且准确的跟踪控制。这种方法的优点是反应快速且控制力度大，能够有效抑制大范围的参数扰动和外部干扰。

鲁棒控制算法的设计还需要考虑计算资源和实时性的要求。无人机系统通常搭载有限的计算和能源资源，因此控制算法不仅要有效，还要求算法简洁、计算量小，以适应实时控制的需要。因此，在设计鲁棒控制算法时，通常需要通过算法优化、简化控制器结构等手段来减少计算负担。

使用鲁棒控制策略的另一个重要考虑是系统的稳定性分析。鲁棒控制策略需要保证在所有预定的操作条件下系统的稳定性。这通常通过数学分析或者模拟仿真来完成。稳定性分析不仅可以验证控制策略的有效性，还可以用于进一步优化控制参数，提高系统的鲁棒性。

二、鲁棒控制技术在无人机系统中的应用

在现代的航空领域，无人机技术的迅速发展带来了多种新的应用场景与挑战，其中之一是在复杂动态环境中对无人机执行精确的控制。鲁棒控制技术作为一种优化无人机系统性能的重要手段，尤其在多模态无人机系统中显示出其独特的价值。这种技术能够有效应对由于外界环境变化和内部参数不确定性所带来的影响，确保无人机系统在各种运行条件下都能表现出高度的稳定性和可靠性。

鲁棒控制是一种专为处理不确定性和模型误差设计的控制方法。在多模态无人机应用中，即使在面对风速变化、气温波动、载荷变动等外界不确定因素时，鲁棒控制技术的核心目标是保持系统的稳定性。此外，鲁棒控制技术还需要处理来自无人机自身的模态转换，比如从垂直起降模式到平飞模式的转变。

在实际应用中，鲁棒控制技术通常采用多种控制策略和算法，如H-infinity控制、滑模控制和鲁棒自适应控制等。这些策略都是为了在设计控制系统时最大限度地减小系统在可能的所有操作条件下的性能退化。

H-infinity控制策略通过优化一个给定的性能指标来设计控制器，使得系统能够在最坏情况的扰动下保持稳定。这种方法特别适用于处理那些具有高度不确定性的系统，并已被证明在多模态无人机控制中特别有效。

滑模控制则是一种非线性控制技术，它通过设计一个滑动表面并使系统状态达到并在此表面上滑动来实现控制目标。该方法对于快速动态的无人机系统尤为适用，因为它可以迅速对抗并消除外部扰动的影响。

鲁棒自适应控制技术结合了鲁棒控制和自适应控制的优点。在不完全知道系统模型或

外部环境信息的情况下，该技术能够自我调整控制参数，以对抗内部和外部的不确定性。这对于多模态无人机而言极为重要，因为它们常常需要在不断变化的环境和不同的飞行模式间切换。

应用这些鲁棒控制算法时，控制系统设计者需对无人机各种可能的工作环境和操作模式进行充分考虑，确保控制策略可以适应这些条件变化，而不会导致系统性能显著下降。例如，在设计无人机控制系统时，可以利用仿真和模型验证技术来评估控制策略在各种极端条件下的表现，以此作为调整和优化控制策略的依据。

此外，实现鲁棒控制的一个关键步骤是进行系统的识别和建模。有效的模型可以帮助识别系统的关键动态特性，从而设计出更为精确的鲁棒控制器。对于多模态无人机而言，需要针对每一种模态的动力学特性进行准确建模，并对系统在不同模态之间切换时的动态响应有深入了解。这不仅需要先进的建模技术，还需依靠丰富的飞行数据和试飞实验来验证和完善模型。

三、设计鲁棒控制器的关键步骤

在设计多模态无人机的鲁棒控制器时，关键步骤的确立对于确保系统在各种不确定情况下依然能保持良好性能至关重要。鲁棒控制器面向的主要挑战是如何处理系统在不同操作环境下的动态变化及外部扰动，保证无人机的稳定性和高效性。以下是设计鲁棒控制器的五个关键步骤。

首先需要进行系统建模和不确定性描述。在任何控制系统设计过程中，准确的数学模型是必需的。对于多模态无人机，这一步骤尤为重要，因为不同模态之间可能存在着复杂的动态切换。此外，模型应充分考虑到机械部件的磨损、负载变化、气象条件等因素的不确定性。这些因素都可能导致模型与实际运行条件之间存在偏差，因此，对这些不确定性的准确描述将直接影响到控制器设计的效果。

其次是控制器设计的核心步骤，即鲁棒控制策略的选择与调整。鲁棒控制策略多种多样，包括 H∞ 控制、鲁棒PID控制、滑模控制等。每种策略都有其适用的场景和特点，因此选择合适的控制策略是基于系统模型特性和预期性能目标的重要决策。例如，如果无人机操作环境的动态变化非常大，滑模控制因其对时间不确定性和参数变化的高灵敏度可能是一个合适的选择。

再次，控制器参数的优化是一个不能忽视的环节。即便是最适宜的控制策略，若其参数设定不当，也可能无法发挥应有的效果。控制参数的优化通常需要基于对闭环系统性能的分析，如响应速度、稳定性及鲁棒性等指标。这一步通常涉及大量的仿真测试，通过不断调整参数，观察系统在不同工况下的表现，逐步逼近最优解。

实施系统仿真和测试是设计鲁棒控制器中至关重要的一步。控制器设计完成后，通过仿真工具对控制器在多种预设场景下进行测试，是验证控制器性能的有效方法。此外，实际物理测试也不可或缺，因为仿真可能无法完全复现所有的现实世界条件。在这一系列测试中，应系统地记录性能表现，包括控制系统能否在规定的误差范围内稳定工作，以及在面对极端操作条件时的反应。

最终，根据测试结果对控制系统进行调整和迭代改进。测试阶段可能会暴露出设计中未曾预见到的问题，这时将根据实际情况调整控制策略或参数是确保系统最终实用性的关键。这一过程可能是迭代的，需要多轮调整与测试才能达到设计初衷。

通过以上关键步骤，设计工程师能够系统地开发出满足高标准稳定性和适应性要求的多模态无人机鲁棒控制器。这些步骤确保了控制器不仅在理论上是可行的，更在实际应用中能表现出优越的性能。

四、面对模型不确定性的鲁棒控制策略

模型不确定性往往来源于无人机系统本身的动态变化、环境因素的干扰及组件老化等多种因素。这种不确定性会对无人机的飞行安全、任务执行效率以及系统的稳定性造成严重影响。因此，设计高效的鲁棒控制策略对于保证多模态无人机在复杂环境中的高性能运行尤为重要。

鲁棒控制是指在控制系统的参数有变化或是存在外部干扰的情况下，控制系统依旧能维持预定的性能指标。在无人机控制系统设计中，鲁棒控制策略需要充分考虑模型的不确定性和外界干扰，保障无人机在各种工作条件下的稳定性和可靠性。这方面的一种常见方法是 H_∞ 控制方法。H_∞ 控制技术在设计过程中主要考虑最小化在最坏情况下的系统性能损失，是一种非常有效的面对模型不确定性设计方法。

无人机的模型不确定性主要体现在其动力学模型的复杂性。动力学模型受到多种因素的影响，包括但不限于机械结构的微小变化、传感器偏差、执行机构的非精确性等。这些因素使得实际的无人机系统难以精确地用数学模型描述。因此，任何基于理想模型的控制算法，在实际应用中都可能因为模型误差而导致性能下降甚至失稳。

在设计多模态无人机的鲁棒控制策略时，通常需要采用多种技术并行处理系统的不确定性。如利用随机控制理论来应对随机变化，基于Lyapunov稳定性理论来确保系统即使在最坏情况下也能保持稳定。此外，模糊逻辑控制也常被用来处理系统中的不确定性和模糊性。通过建立模糊逻辑控制器，可以在控制规则中引入人的直觉和经验，从而更加灵活地

应对复杂情况。

自适应控制策略也是鲁棒控制中常见的一种方法，它通过实时调整控制器参数来应对模型的不确定性。在多模态无人机系统中，由于其多样的飞行模式和环境应用，自适应控制策略能够通过持续学习和适应环境和系统内部的变化，有效地提高系统的鲁棒性。

在实际应用中，还可以通过集成多种传感器和增强的数据处理能力来减轻模型不确定性的影响。数据融合技术能够整合来自不同传感器的信息，通过算法优化输出最准确的状态估计，从而提供更可靠的数据支持鲁棒控制策略的实施。此外，机器学习和人工智能的应用也在逐渐成为鲁棒控制设计的一部分，通过智能算法对系统进行实时优化和自我调整，进一步增强控制策略的有效性和适应性。

因此，面对模型不确定性的鲁棒控制策略在多模态无人机的控制系统设计中占据了核心地位。通过综合运用H_∞控制、随机控制、自适应控制、模糊逻辑控制以及数据融合和机器学习等先进技术，可以有效地提升无人机系统在面对各种内部及外部挑战时的稳定性和可靠性，保证无人机能够在复杂多变的环境中安全有效地完成各项任务。

五、多模态环境下的鲁棒性能分析

多模态无人机在执行任务时，面临的是一个充满不确定性和多变性的环境。为了确保无人机能在不同的环境中稳定运行，鲁棒控制算法的设计尤为关键。多模态环境下的鲁棒性能分析，涉及无人机系统在各种不确定和变化条件下的性能稳定性和可靠性的综合评估。

无人机系统的动态性能和环境适应性是鲁棒控制算法设计的核心。系统动态性能主要指无人机在飞行或执行任务时的响应速度、稳定性和精确性。环境适应性则关注无人机在面对外部环境变化（如气候变化、障碍物出现、信号干扰等）时的适应与调节能力。因此，多模态无人机的鲁棒性能分析首要关注的是这两个方面。

分析无人机系统的鲁棒性能，需要构建一个合理的控制系统模型。这包括无人机的动力学模型、感知系统模型以及控制策略模型。动力学模型需要精确描述无人机的物理行为和运动特性；感知系统模型则需要反映无人机对环境的感知能力和信息处理能力；控制策略模型则是连接前两者的纽带，通过算法来实现无人机对特定任务的执行和对环境变化的响应。

在鲁棒性能的实际分析中，系统的不确定性是一个必需考虑的重要因素。这些不确定性可能来源于外部环境的变化，也可能来源于系统内部的参数不确定性。例如，气象条件的变化、传感器的测量误差和执行器的非线性特性等。为了评估控制系统的鲁棒性，通常需要采用不确定性建模方法来表达这些影响因素，并分析它们对系统性能的影响。

常见的鲁棒性能分析方法包括稳定性裕度分析、敏感性分析和性能退化分析。稳定性裕度分析关注系统在最不利条件下是否能维持稳定；敏感性分析则考察系统输出对模型参数变动的敏感程度；性能退化分析主要研究系统在面对不断增加的干扰或参数变化时，性能下降的情况。

为了使无人机控制系统具有高度的鲁棒性，设计中还需要引入各种鲁棒控制策略。其中，H_∞控制、滑模控制和鲁棒自适应控制是最常见的几种方法。H_∞控制通过优化一个设定的性能指标（如系统响应的最大峰值），来确保系统在广泛的不确定性下都能保持良好的性能；滑模控制则利用变结构系统的特点，在系统状态达到滑模面时改变控制策略，以达到抑制扰动的目的；鲁棒自适应控制则是在控制过程中不断调整控制参数，以适应环境的变化。

此外，实际应用中还常常采用仿真和实验方法来验证控制策略的鲁棒性。通过模拟真实环境及其变化，或者构建实物测试平台，可以进一步分析和评估无人机控制系统的鲁棒性能，确保设计的控制策略能在各种环境条件下都能有效运行。这不仅有助于提升无人机的操作稳定性，还能增强其面对未知环境的适应能力。

六、案例研究：多模态无人机鲁棒控制实现

多模态无人机在复杂的应用环境中，如变化多端的气象条件和不同的任务需求下，对控制系统的要求极高。鲁棒控制算法设计，尤其在此类环境下，显得尤为重要。多模态无人机鲁棒控制算法的核心目标是确保无人机在面对内部参数不确定性和外部环境扰动时，仍能保持良好的飞行性能和稳定性。

鲁棒控制算法的设计通常基于数学模型来描述无人机的动态行为。这些模型必须精确捕捉到无人机的关键动态特性，如速度、位置和姿态变化。然而，这些模型在实际应用中存在许多不确定性，包括模型参数的不确切性和外部环境的不可预测性。因此，设计一种有效的鲁棒控制算法，能够对这些不确定性进行适当的处理，对提高无人机的可靠性和安全性至关重要。

鲁棒控制策略通常包括几个关键组件：模型的不确定性辨识、控制器的设计和优化，以及通过模拟和实际测实验证控制效果。控制算法设计应当能够适应不同模式的切换，例如从垂直起飞与降落模式到水平飞行模式的过渡。在这个过程中，算法需要快速调整控制参数，以适应动态变化的飞行状态。

为了研究多模态无人机在实施鲁棒控制算法后的性能表现，选择一个标准的多模态无

人机模型进行分析。该模型配备有多个飞行模式和应对各种环境条件的能力，在实验设置中故意引入了一系列的参数不确定性和外部扰动，比如风速变化、重量轻微变动等因素。为了测试鲁棒控制算法的效果，对常规控制算法和鲁棒控制算法的无人机在相同条件下的表现进行比较。通过对两者的飞行轨迹、稳定性、能耗以及任务完成时间等方面进行对比分析。结果显示，尽管面临较大的环境扰动和模型不确定性，采用鲁棒控制算法的无人机显示出更优的飞行稳定性和更高的任务执行效率。

此外，鲁棒控制算法的设计还需要关注其实时性和计算效率。因为多模态无人机往往需要快速响应环境变化，延迟的控制指令可能导致飞行性能下降。因此，算法的优化旨在减少计算时间和提高数据处理速度，确保无人机控制系统即使在处理大量数据时，也能保持快速反应的能力。

实际应用中，鲁棒控制算法还应具备一定的适应性，能够根据实时数据自我调整控制参数。这种自适应机制可以通过机器学习技术实现，使无人机更加智能化，能够在未知的环境中自主优化飞行策略。

通过此案例研究，不仅可以看出鲁棒控制算法在理论上的合理性和实用性，同时也展示了其在实际操作中对提升多模态无人机性能的显著影响。这种控制策略的研究与应用对于未来无人机技术的发展，特别是在执行复杂任务和操作在极端环境中的无人机，提供了重要的技术支持和理论基础。

第四节　智能控制算法在多模态无人机控制中的应用

一、深度学习方法在多模态无人机智能控制中的应用

深度学习方法在多模态无人机智能控制中的应用以其高效的数据处理能力和优异的决策支持功能，在无人机控制技术领域中占据了核心地位。这一领域的关键技术包括数据获取、特征学习、决策制定等方面，深度学习能够通过模仿人脑的处理机制来优化无人机的控制策略，增强其在复杂环境下的自主性和稳定性。

在多模态无人机系统中，数据来源多样，包括视觉、雷达、声纳等多种传感器信息。

这些信息往往具有高维度和复杂性特点，传统控制算法难以高效处理这类数据。深度学习通过构建多层的网络结构，有效地从复杂数据中抽取有用特征，提供精确的模式识别能力。例如，卷积神经网络（CNN）在图像处理方面显示出巨大优势，能够对无人机拍摄的连续图像进行实时处理，识别出导航中的障碍物和路径。

在特征学习方面，深度学习不仅可以自动化地提取特征，还能通过无监督或半监督学习方式不断优化学习过程，使得无人机在未知环境中也能持续改进其性能。利用深度增强学习（Deep Reinforcement Learning, DRL），无人机能够通过与环境的实时互动，学习如何在各种环境状态下做出最优决策。这种学习方式不仅减少了人工设定特征的需要，也使得无人机控制系统更加智能化和灵活。

决策制定是无人机控制的核心部分。深度学习能够整合多模态数据，实施复杂的决策算法。通过训练得到的神经网络模型，无人机可以在遇到不同的飞行环境和任务要求时，快速做出反应并调整飞行策略。此外，通过深度神经网络（DNN）的前向传播和反向传播算法，可以有效地实时调整控制参数，以应对动态变化的环境。

在实际应用中，深度学习方法能够帮助无人机实现更加精细化的飞行控制，如精确降落、复杂环境下的自主避障等。这不仅提高了无人机的操作安全性，也提升了任务执行的效率。随着硬件技术的发展，例如GPU的计算能力和传感器技术的进步，支持深度学习算法的实时处理和决策变得更加可行。

然而，深度学习在多模态无人机控制中也面临一些挑战。例如，深度学习模型通常需要大量的数据和较长的训练时间，这在一些急需快速部署的应用场景中可能成为制约因素。此外，深度学习模型的可解释性也是一个重要的研究方向。在无人机执行关键任务时，每一次控制决策的透明度和可追踪性十分重要，这要求未来的研究不仅要提升模型的表现，同时也要增强其解释能力。

二、强化学习算法设计和优化

强化学习作为一种智能控制算法，已经在机器学习领域得到广泛的应用。在多模态无人机控制中，强化学习算法能够优化无人机的控制策略，提高其适应复杂环境的能力。强化学习算法设计和优化是一项关键技术，能有效地提升无人机系统的自主性和效率。

强化学习（Reinforcement Learing，RL）基于试错的学习机制，无人机通过与环境的交互获取奖励信号，从而学习策略或动作序列，以最大化累计奖励。此算法包含两个主要元素：智能体（无人机）和环境。智能体执行动作，环境根据这些动作提供新的状态和奖励。强化学习的目标是发现一种策略，能够让智能体从初始状态到结束状态过程中获得最大的总奖励。

在多模态无人机系统中，强化学习的应用涉及状态空间和行动空间的设计，其中包括无人机的位置、速度、设备状态等多种模态信息。通过设计合理的奖励函数，可以使无人机在执行任务如避障、路径规划、目标跟踪等过程中自主优化控制策略。

奖励函数的设计是强化学习算法应用中的核心问题。在多模态无人机的控制任务中，需要精确地定义何种情形下无人机能获取正奖励，何种情形受到负奖励。例如，在无人机避障任务中，当无人机成功避开障碍物并安全飞行时给予正奖励，而与障碍物碰撞则给予负奖励。

在实现强化学习算法时，模型的选择也非常关键。目前较为流行的强化学习模型包括深度Q网络（DQN）、策略梯度方法，以及最新的深度确定性策略梯度（DDPG）和软性actor-critic算法（SAC）。这些方法能够处理高维的连续动作空间，适用于复杂的无人机控制任务。

为了提高训练的效率和算法的性能，还可以采用经验回放和目标网络这两种技术。经验回放可以打破数据间的时间相关性，并丰富训练样本的多样性。目标网络则是为了解决强化学习中的目标不断变化带来的不稳定性问题。

除了算法的选择和优化，应用强化学习算法还需关注算法的泛化能力和实时性问题。泛化能力决定了算法在面对未见过的环境时的适应能力，实时性则是在实际控制过程中，算法能够迅速反应，及时调整无人机的飞行策略。

算法优化方面，可以通过参数调整、网络结构优化等方法来提高学习效率和策略性能。此外，多任务学习和元学习等方法也逐渐被引入到强化学习中，这些方法有助于智能体在掌握一项任务的同时，快速适应并优化其他相关任务。

最终，测试和验证也是强化学习算法不可缺少的一环。通过仿真环境和实际环境下的无人机飞行测试，可以不断调整和优化算法，确保算法的安全性和可靠性。

三、模糊逻辑控制器在飞行控制中的应用

模糊逻辑控制器由于其对不确定性和模糊性的高容忍度，在许多复杂的控制系统中得到了广泛应用，尤其在多模态无人机的飞行控制中，其作用尤为显著。模糊逻辑控制器在处理非线性、多变量或者是时间变化系统时显示出较高的有效性和鲁棒性，非常适合用于飞行控制系统，因为这些系统常常涉及各种外部环境因素和内部参数的快速变化。

无人机在执行任务时，需要在多种飞行模式之间切换，如垂直起降、平稳巡航以及快速避障等。每种飞行模式下，无人机的控制系统都需快速响应环境变化，确保飞行的安全

与效率。采用模糊逻辑控制器，可以使无人机在面对模糊和不精确输入信息时，依旧能够做出准确的控制决策。

在模糊逻辑控制系统中，首要步骤是定义输入和输出变量，并将这些变量量化成模糊集合，如高、中、低速度或高、中、低高度等。控制规则的制定是模糊控制系统设计的核心，通常基于专家经验或操作者的知识。这些规则描述了输入变量和输出变量之间的关系，形如"如果速度低而且高度高，那么降低功率输出"。利用模糊逻辑控制器来设计多模态无人机的飞行控制系统具有以下优点。

首先，模糊逻辑控制能够处理因飞行高度、天气变化等因素引起的数据不确定性或模糊性。系统通过模糊集合代表模糊输入值，并基于模糊规则库进行推理，生成模糊输出，再通过去模糊化转换为精确控制指令。这使得无人机能够在缺乏确切信息的条件下，仍然实现稳定的控制。

其次，模糊逻辑控制系统的非线性特性使其在面对复杂动态环境时，比传统的线性控制系统更有优势。例如，在强风环境下，无人机的行为会显得非常不稳定，此时模糊逻辑控制器能够根据风速和飞行状态的模糊信息，调整控制策略，保持飞行稳定。

再者，模糊逻辑控制器的可扩展性强。随着任务需求的变更或新增，可以简便地通过修改模糊规则集来适应新的控制需求，不需重新设计整个控制系统。这一点对于多模态无人机特别重要，因为它们需要在不同的飞行模式和任务之间频繁切换。

在实际应用中，模糊逻辑控制器可以与其他控制方法如PID控制器或神经网络控制器结合使用，形成一个更加复杂精细的控制网络。例如，可以利用模糊逻辑控制来调整PID控制参数，使得无人机更好地适应特定的飞行条件和任务需求。

此外，开发和实施模糊逻辑控制系统的成本相对较低，系统的设计与维护相对简单，易于理解和实施，适应于资源受限但需求高效灵活控制的场合。

四、神经网络控制算法的实现与测试

在多模态无人机的控制系统中，神经网络控制算法的实施是近年来的一个研究热点，其目的在于提高无人机在多种任务和环境下的性能表现。神经网络，尤其是深度学习模型，由于其出色的非线性映射能力和自适应性，被广泛应用于无人机的控制系统中，以实现复杂环境下的稳定飞行和精确任务执行。

神经网络控制算法通常包含四个关键的步骤：神经网络的设计、训练过程、在线实施和性能评估。神经网络的设计首先需要确定网络的类型。当前，卷积神经网络（CNN）和循环神经网络（RNN）因其在图像处理和时间序列预测中的优势而被广泛考虑用于无人机控制。此外，强化学习（RL）结合神经网络，如深度强化学习（DRL），也为无人机的决策提供了新的可能。

训练过程中，神经网络通过大量的数据学习无人机在不同飞行条件下的控制策略。这些数据可以来自于实际飞行记录、模拟器产生的数据或者是通过技术增强的合成数据。通过监督学习或强化学习的方法，网络能够逐渐优化其权重和偏置来逼近最佳控制策略。例如，在使用强化学习时，无人机通过与环境的交互获得奖励信号，并根据奖励来调整其行为策略。

在线实施阶段，训练好的神经网络被部署到无人机的控制系统中，实时处理传感器数据，输出控制命令以驾驶无人机执行特定任务。这一过程要求算法不仅要有高的准确性，还要具备快速的处理速度和良好的鲁棒性，以应对动态变化的外部环境和潜在的硬件故障。

性能评估是神经网络控制算法研究中不可或缺的一部分。通过与传统控制方法的比较，评估标准包括但不限于算法的稳定性、响应速度、能耗和错误率等。实验测试通常在多种飞行条件和任务场景下进行，以确保神经网络控制算法能够广泛适用于不同类型的多模态无人机。

此外，神经网络控制算法的实现过程还需要考虑计算资源的配置，包括处理器的选择、内存要求和能源消耗等。随着硬件技术的进步，更多高性能而低功耗的计算平台已经开始被应用于边缘计算场景。这为神经网络控制算法的应用提供了新的可能性。

将神经网络控制算法用于多模态无人机控制不仅可以提升无人机系统的自主性和智能化水平，而且有助于拓展其在复杂环境和多样化任务执行中的应用。随着算法研究的深入和计算技术的发展，未来的无人机控制系统将更加高效、安全和智能。在实际操作中，这些技术的结合和应用必将为无人机行业带来革新性的改变，实现更广泛的商业和社会价值。

五、遗传算法在控制参数优化中的应用

遗传算法是一种模拟生物进化过程的搜索优化算法，它通过模拟自然选择和遗传学中的基因遗传机制来解决优化问题。遗传算法在多模态无人机的控制参数优化中的应用，体现了其在调整和优化复杂系统中参数的能力，尤其在处理多目标、多约束的优化问题时显示出其独有的优势。

遗传算法的基本原理包括种群初始化、适应度评价、选择、交叉和变异五个步骤。在多模态无人机控制参数的优化中，首先需要定义一个包含多个可能解的种群，每个解代表

一组无人机的控制参数。通过适应度函数来评价每个解的性能，即这组控制参数在实际控制无人机时的效果如何，通常包括控制精度、响应时间、能耗等因素。

在选择过程中，遗传算法倾向于从当前种群中选取优质解，即那些解的适应度高，作为遗传到下一代的"父母"。选择过程往往采用轮盘赌、锦标赛选择等方法。选定"父母"后，通过交叉和变异操作产生新的解。交叉操作允许两个"父母"解的部分基因（控制参数）进行交换，产生新的子代，这模拟了生物遗传中的染色体交换过程。而变异操作则是对子代的个别基因进行随机的修改，增加种群的多样性，避免算法过早地陷入局部最优解。

遗传算法在多模态无人机控制参数优化的具体应用中，可以详细设计适应度函数以及选择、交叉和变异策略，以适应无人机在不同模式下的控制需求。例如，当无人机需要在稳定飞行模式和敏捷避障模式之间切换时，其控制参数需要迅速调整以适应不同的飞行环境和任务需求。适应度函数可以设计为综合考量飞行稳定性、敏捷性、能耗和任务完成率等指标。

此外，遗传算法的并行搜索特性使其非常适合于处理多参数和多目标的优化问题。多模态无人机的控制系统往往涉及多个控制参数和多个优化目标，传统的优化方法如梯度下降法可能难以有效地找到全局最优解，而遗传算法通过模拟多个解同时进化，增加了找到全局最优解的概率。

在实际应用中，遗传算法的性能还受到种群大小、交叉和变异率等参数的影响。因此，选择合适的参数是实现有效优化的关键。在这个过程中通常需要通过多次实验来调整这些参数，以找到最佳的算法配置。

应用遗传算法进行多模态无人机控制参数优化不仅可以提高无人机的性能和适应性，还可以为研究无人机其他高级控制技术提供理论和方法上的支持。通过持续的研究和改进，遗传算法有望在未来无人机技术中发挥更大的作用，特别是在无人机设计和运营的自动化、智能化方面。

六、智能控制系统的实时性能分析与评估

智能控制系统在多模态无人机控制应用中的实时性能是保证任务执行效率与安全的核心要素。实时性能分析和评估的目标是确保智能控制系统能够在规定的时间内作出反应并执行相应的控制命令，以适应不同的飞行环境和任务要求。智能控制系统的实时性能分析涉及的关键因素包括系统响应时间、处理能力和环境适应性等。

智能控制系统的响应时间是衡量系统实时性能的首要指标。响应时间通常指系统接收

到输入信号后，到系统完成相应输出的时间间隔。在多模态无人机的操作中，短的响应时间意味着无人机能更快地适应环境变化并做出反应，从而增强飞行的安全性和灵活性。例如，面对突发的气流变化或障碍物，具有快速响应能力的无人机能及时调整飞行状态，避免可能的碰撞或失控。

处理能力则是智能控制系统能够处理的信息量和复杂度的度量。在多模态无人机中，控制系统需实时处理来自各种传感器的大量数据，并基于这些数据快速做出决策。这要求控制系统具备高效的数据处理能力和强大的计算资源。例如，使用高性能处理器和优化的数据处理算法可以显著提升系统的处理速度和准确性，从而支持更复杂的控制任务和决策需求。

环境适应性是评价智能控制系统实时性能的另一关键维度。多模态无人机常在多变的环境中操作，如城市、森林或山区等，这些环境的复杂性要求控制系统能够自适应不同的飞行条件。智能控制系统需要具备环境感知能力，如通过摄像头、雷达等传感器捕捉环境信息，利用机器学习或其他智能算法实时调整控制策略。实时性能的高低直接影响到无人机在复杂环境中的生存能力和任务完成率。

性能评估方法是智能控制系统开发中的重要环节。通常，评估实时性能会使用包括时间分析、算法测试和模拟环境实验在内的多种手段。时间分析可以预先定义系统响应时间的理论上限，为系统设计与优化提供参考。算法测试则关注于控制算法在特定条件下的表现，确保算法在实际应用中能达到预期的控制效果。模拟环境实验可以在安全的条件下检验系统对各种环境因素的适应性和反应速度，是验证系统实时性能的直接方法。

此外，随着技术的发展，实时性能还可以通过一些先进技术得到进一步的提升。例如，边缘计算可以减少数据传输的时间延迟，通过在无人机本地进行数据处理，能够实现更快的响应速度。同时，实时操作系统（RTOS）是专为管理实时应用程序设计的操作系统，通过其调度机制可以有效优化任务的执行时间和系统资源的分配。

第六章
面向编队飞行的无人机多模态协同控制

第一节 基于改进粒子群算法的多无人机任务分配

一、改进粒子群算法概述

粒子群优化算法（Particle Swarm Optimization, PSO）是一种基于群体智能的优化工具，其灵感来源于鸟群的觅食行为。在粒子群算法中，每个解决方案可以被看作是搜索空间中的一个"粒子"。每个粒子根据自身的经验以及群体中其他成员的经验来更新自己的位置和速度。这种基于群体协作的搜索策略使得粒子群算法在多种优化问题上都表现出了良好的性能，尤其是在连续函数优化问题中。

改进粒子群算法是对原始粒子群算法的优化和变种，目的是为了增强算法的搜索能力，避免早熟收敛，并改善在高维问题和复杂问题中的表现。这些改进措施通常包括调整粒子速度和位置更新公式、引入新的参数调整策略、使用多种群体结构或者引入局部搜索机制等。

在多无人机系统的任务分配问题中，改进粒子群算法能够有效处理多目标、动态变化的优化问题。无人机的任务通常涉及路径规划、目标跟踪、避障和能耗管理等多个方面。在这样的应用背景下，传统的粒子群算法可能因为收敛速度慢或者陷入局部最优而无法满足实际应用的需求。因此，研究者们对算法进行了一系列的改进，以适应无人机群体的特性和任务需求。

例如，引入速度限制因素和位置更新策略的改进可以帮助算法在探索和开发之间保持平衡，从而避免过早收敛并保证解的多样性。另外，通过动态调整算法中的惯性权重或学习因子，可以使算法在迭代过程中自适应地调整搜索策略，进而提高搜索效率。

在处理多无人机任务分配问题时，改进的粒子群算法通常需要与任务的具体需求相结合。例如，根据无人机的飞行环境和任务类型，可以设计特定的目标函数和约束条件，确保每个无人机的任务分配既符合总体效益最大化，同时也满足各种操作与安全的限制。

除了单一的改进策略之外，研究者们还尝试将粒子群算法与其他优化技术相结合，如遗传算法、模拟退火算法等，形成混合优化策略。这种混合方法综合了各类算法的优点，能进一步提高问题解决的效率和质量。

二、多无人机系统任务分配问题描述

在多无人机系统中，每一个任务可以被描述为一系列的参数，如任务的地理位置、预计完成时间、所需的资源种类以及完成任务所需的具体技能等。无人机则根据其载重能力、飞行速度、续航时间和携带的传感器或操作设备等属性被分类。因此，任务分配不仅是将任务简单地分配给无人机，还需要根据各无人机的特性和任务需求的特性进行匹配。

在多无人机任务分配的实际应用中，通常面临诸多挑战，这其中包括但不限于：通信限制、无人机的操作范围、任务的时效性以及可能的环境变数等。这些因素使得任务分配代理必须能够处理动态变化的情况，并做出快速且合理的决策。

在分配方案的制定过程中，核心目标是优化整个系统的运行效率和任务执行的质量。这通常涉及几个关键性的优化目标，如最小化总的飞行时间、平衡各无人机的工作负载、降低能耗以及提高任务执行的成功率和准确性。这些目标往往是相互冲突的，例如，在减少飞行时间和平衡工作负载之间就可能存在权衡。

为了解决这些优化问题，改进的粒子群算法提供了一种有效的方法。该算法是一种群体智能优化技术，通过模拟鸟群的社会行为来寻找最优解。在多无人机任务分配中，每个粒子代表了一种可能的任务分配方案，通过迭代更新粒子位置，搜索最优的任务分配策略。这种算法的优点在于它能够在全局搜寻和局部搜寻之间进行有效的平衡，这使得算法在操作多无人机系统这种复杂的优化环境时，能够有效地逃离局部最优，增加找到全局最优的几率。此外，通过对算法的进一步改进，如调整更新规则、引入多策略合并或自适应调整参数等策略，可以进一步提高算法的性能和稳定性，使其更适合于动态复杂的多无人机任务分配问题。

总体而言，多无人机系统的任务分配问题是一个多方面、多目标的复杂系统优化问题。在实现有效的任务分配策略时，不仅需要考虑无人机的操作性能和任务的具体需求，还要处理实际应用中可能出现的各种动态变化和不确定性。通过采用改进的粒子群算法等先进的优化技术，可以有效提升无人机系统实施编队飞行任务时的协同效率和操作成果，从而达到优化系统性能的目的。

三、改进粒子群算法设计

多无人机系统（Multi-UAV Systems）在复杂动态环境中的任务执行能力增强，往往依赖于有效的任务分配策略以及优化的控制方法。传统的粒子群优化（Particle Swarm Optimization, PSO）算法在多无人机的协同控制和任务分配问题中因其简单和高效而被广泛应用，但存在收敛速度慢、易陷入局部最优等缺点，因此需要对其进行改进以适应复杂动态环境下无人机编队飞行的需求。

改进粒子群算法的设计首要考虑的是如何提高算法的全局搜索能力和局部开发能力，确保多无人机系统可以在动态变化的环境中迅速响应，高效完成任务分配和执行。改进方案通常包括引入多种策略来调节粒子的行为，提高搜索效率和适应性。以下是针对粒子群算法进行的五种有效的改进方法。

（1）多策略融合：结合不同的优化算法特点，如遗传算法（GA）的交叉与变异操作，差分进化（DE）算法的差分策略等，融合到粒子群优化框架中。通过融合多种策略，粒子群算法可以在全局搜索和局部精细搜索之间更好地权衡，有效地避免早熟收敛，提高解的多样性。

（2）动态权重调整：传统PSO中，惯性权重（w）及个体和社会学习因子（c_1、c_2）通常设置为常数，这限制了算法适应不同阶段搜索需要的能力。通过动态调整这些参数，可以使算法在全局探索阶段具有较大的权重，促进快速搜索；而在局部开发阶段，减小权重以精细探索当前区域，从而提升算法的搜索效率和精度。

（3）适应性学习机制：引入适应性学习机制，如根据历史搜索经验自动调整搜索策略，或者通过外部环境反馈影响粒子的行为。这种机制能够使粒子在面对环境变化时及时调整其搜索策略，增强算法的鲁棒性。

（4）拓扑结构的变化：在粒子群算法中，粒子的交流是通过一定的拓扑结构来实现的。改变交流拓扑结构（如从全局拓扑到环状拓扑，或动态变化拓扑）可以影响粒子间信息的流动方式和速度，进而影响算法的收敛行为和解的质量。

（5）局部搜索插入：在某些迭代周期中，插入局部搜索算法，如模拟退火（SA）或爬山算法，来进一步提高当前解的质量。局部搜索可以帮助粒子跳出局部最优解，增强解的全局优越性。

通过上述改进策略，改进后的粒子群算法能更有效地应对多无人机编队飞行中的任务分配问题。这些策略不仅可以增强算法在复杂动态环境下的表现，还可以提高算法的解的质量和搜索效率，从而在实际应用中达到更好的性能和结果。

此外，评价改进算法性能的实验设计也是至关重要的。可以通过模拟不同复杂度的任务分配场景，比较改进前后算法在搜索效率、收敛速度、解的优越性等方面的表现。实验结果可以进一步指导算法的改进和优化，使其更加贴合实际应用需求。通过系统的实验分析和性能测试，能够确保所提出的改进粒子群算法在多无人机协同控制与任务分配中能达到预期的效果，为复杂动态环境下的无人机编队飞行提供强有力的技术支持。

四、算法性能分析与评估

在面向编队飞行的无人机多模态协同控制的研究中，基于改进粒子群算法的多无人机任务分配是一个关键环节。在这一环节中，算法性能分析与评估尤为重要，因为它直接关系到无人机任务执行的效率和效果，进而影响整个无人机系统的可靠性和稳定性。

改进粒子群算法（Improved Particle Swarm Optimization, IPSO）是从经典粒子群优化算法衍生而来，通过引入新的策略和调整参数，旨在提高解的质量和搜索效率。在多无人机系统的任务分配问题中，该算法需要面对的主要挑战包括但不限于高维度的决策变量、任务分配的动态性以及实时性要求。

算法性能的分析与评估通常涵盖以下四个方面：收敛性、稳定性、计算复杂度和实际应用性能。

对于改进粒子群算法而言，首要评价指标是收敛性，即算法能否在有限的迭代次数内收敛到全局最优解或者一个足够优的解。这一指标直接影响到任务分配的质量。通过比较算法在标准测试函数上的表现，可以初步判断其收敛性能。通常，对比实验会包括多组独立运行以确保结果的一致性和可靠性。

稳定性主要指算法在不同的任务分配请求和环境条件下的表现是否一致。在无人机编队飞行的应用场景中，任务和环境往往具有不可预测性，因此，一个高稳定性的算法能够为无人机提供更为可靠的任务分配解决方案。稳定性通常通过算法在多种不同配置下的性能表现来评估，包括不同大小的无人机群、不同飞行速度和不同任务类型。

计算复杂度是评价改进粒子群算法是否适合实时任务分配的重要指标。在实际应用中，算法需要在合理的时间内快速给出解决方案，特别是在应对突发事件时。计算复杂度通常与算法中的操作数量成正比，包括粒子的更新次数、适应度函数的计算次数等。通过优化算法的内部结构和参数设置，可以有效减少计算量，提高算法的运行效率。

实际应用性能评估则是将算法应用于真实或接近真实的无人机任务分配场景中，观察其在实际操作中的表现。这涉及算法对于不同任务需求的适应性、在复杂环境中的鲁棒性以及与现有系统的兼容性等。例如，可以在模拟环境中设置多种任务需求和环境因素，通过对比不同算法处理这些任务的效果来评估选用的改进粒子群算法的实际表现。

五、案例应用与讨论

在面向编队飞行的多无人机系统中，任务分配是一项关键的研究方向，它直接决定了无人机群的作业效率和执行任务的成败。本节重点探讨了基于改进粒子群算法的多无人机任务分配的方法，并通过具体的案例应用来验证该方法的实用性和有效性。

粒子群优化算法是一种基于群体协作的优化工具，它模拟鸟群的捕食行为来处理优化问题。然而在复杂动态环境下，传统的PSO面临着收敛速度慢和易陷入局部最优的问题。针对这一挑战，本研究对标准粒子群算法进行了改进，提高了算法在多无人机协同控制中的应用效果。

改进算法主要包括两个方面：一是引入了动态调整的惯性权重，以控制算法搜索的全局性和局部性；二是通过多策略融合，增加粒子之间的信息交换机制，以增强群体的多样性，从而避免过早收敛。该改进算法在多无人机任务分配中的应用考虑到了任务的紧急程度、无人机的当前状态和未来的任务规划，从而更具有针对性和适应性。

在案例应用中，模拟了一个包含多个目标点和多架无人机的场景。这些目标点代表不同的任务需求，如侦察、监视或物资投放，而每架无人机则具备不同的飞行性能和载荷能力。任务的分配需考虑无人机的续航时间、载重限制及其与任务点的距离等因素。通过改进的粒子群算法，每架无人机根据算法生成的最优或近似最优路径进行任务规划。在仿真测试中，无人机编队能够高效地完成指定的多目标任务，且相比于传统的分配算法，改进算法在任务完成时间、能源消耗和任务平衡性等方面表现出了更优的性能。

除了仿真测试外，还选择了一个实际应用场景进行了案例验证。在该场景中，无人机群被用于灾后评估和救援物资分配。任务地点的选择依据地形和受灾程度进行评估，无人机不仅需要快速到达目标地点，还需确保任务的安全性和可靠性。应用结果表明，改进的粒子群算法有效提高了无人机群在实际操作中的协同效率和响应速度，显著提升了任务执行的质量。

通过以上案例应用与讨论，可以发现改进粒子群算法在多无人机任务分配中的优越性能。使用动态参数调整和多策略融合的方法，不仅优化了算法的搜索能力，而且增强了算法的适应性，使其能够更好地应对实际应用中的各种复杂情况。这一研究不仅为无人机编队控制提供了一种有效的任务分配工具，也为类似的多主体系统协同工作问题提供了新的思路和方法。

第二节　多约束下多无人机协同航迹规划算法

一、多约束环境下的无人机航迹优化概述

在多约束环境下的无人机航迹优化是当前无人机应用领域中重要且富有挑战性的研究方向。无人机在执行任务如农业检测、搜索救援或军事侦察时，必须考虑多种约束条件，这些条件可能包括飞行时间、能源消耗、飞行区域的法律法规及地形地貌等。

该领域的研究主要集中于如何在多种约束条件下，提出有效的航迹规划算法，以实现对无人机飞行路径的最优设计。通常，这种优化问题是一个非常复杂的多目标优化问题，涉及路径长度最短、飞行时间最少、能耗最低以及满足特定飞行安全标准等目标。

在多约束环境下进行无人机航迹优化，通常需要处理的约束条件包括但不限于以下四个方面：

（1）地形约束：无人机需避开高山、建筑物等障碍物，同时在低空飞行任务中还需考虑地形的起伏变化，以避免地形造成的潜在碰撞风险。

（2）空域约束：飞行区域可能受到航空法规的限制，如禁飞区、限飞区等，无人机在规划航迹时必须严格遵守这些法规。

（3）时间约束：在特定的任务中，无人机必须在指定时间内完成任务或到达特定地点。

（4）能源约束：无人机的航程和悬停时间受限于电池容量，如何高效利用有限的能源是航迹优化中至关重要的。

航迹规划算法的研究通常依赖于先进的数学模型和优化方法。传统方法如动态规划、A*算法等，由于其确定性在路径搜索中能提供稳定解，但在面对复杂多变的环境与多样化的约束时，这些方法往往显示出计算效率不高以及适应性不足的问题。

近年来，随着计算机科技和人工智能技术的快速发展，基于启发式和元启发式算法的方法如遗传算法、粒子群优化（PSO）、蚁群优化（ACO）等被越来越多地应用于此类问题。这些算法在处理复杂的优化问题时能够有效地进行全局搜索，并通过迭代寻找到近似

的最优解，显著提高了航迹规划的灵活性与效率。

除了单一的优化算法，多算法融合或算法改进也是近年来的研究热点。例如，将传统的A*算法和遗传算法结合，利用遗传算法探索全局最优解的能力弥补A*在面对复杂环境时效率较低的缺陷。此外，机器学习技术如深度学习也开始被引入航迹优化中，通过训练神经网络模型学习特定任务的优化策略，实现在多样化约束条件下的动态航迹规划。

此外，考虑到实际应用中多无人机协同操作的需求，如无人机编队飞行中的阵型保持和任务协同，还需要在航迹规划中加入多无人机间的相互作用和协调机制。这不仅更增加了问题的复杂性，也对算法的实时性和鲁棒性提出了更高要求。在这种场景下，航迹的动态调整和实时优化显得尤为重要，以应对可能出现的紧急情况或任务更新。

二、时间和空间约束分析

在进行多无人机协同航迹规划的研究中，时间和空间约束的准确分析是至关重要的。这一主题旨在探讨如何在复杂动态环境中有效地应用这些约束，以确保无人机编队能够高效、安全地执行任务。

时间约束通常涉及每个无人机需要在特定时间内完成其分配任务的要求。这种约束不仅关系到任务执行的效率，还直接影响到整个编队的同步性和协调性。例如，在军事侦察或紧急救援任务中，无人机编队必须在预定时间内到达特定区域并完成数据收集或物资投放。时间约束分析需要考虑到飞行速度、飞行距离、任务处理时间以及可能的环境因素如气候变化等，这些因素都可能影响无人机的飞行时间。分析过程中，利用数学模型和算法计算最优航线和飞行速度是常见的方法，如时间窗约束规划和动态时间调整策略等。

空间约束则涉及无人机在执行飞行任务过程中必须遵守的空间限制，这包括飞行高度、禁飞区域、与其他无人机的安全距离等。在多无人机的编队飞行中，如何确保每台无人机都不会侵犯到彼此的飞行空间，是空间约束分析必须解决的关键问题。此外，环境中的障碍物如山脉、高楼大厦等也需要被考虑在内，这需要对地形和建筑物的详细数据进行收集和分析。空间约束的管理通常利用地理信息系统（GIS）和三维建模技术来实现，确保无人机能够在复杂的地理环境中安全飞行。

与此同时，时间和空间约束的综合分析更是复杂，它们往往是相互影响的。例如，无人机如果因为避开禁飞区而绕道飞行，可能就会增加飞行时间，这就需要在时间约束和空间约束之间做出权衡。因此，开发一种能同时处理时间和空间约束的多无人机航迹规划算法显得尤为重要。这种算法不仅能优化单一无人机的航线，还能协调编队中所有无人机的行动，确保它们在满足所有约束条件的情况下，以最佳的方式完成任务。

在算法设计时，采用启发式或元启发式方法，如遗传算法、粒子群优化等，可以有效地解决这类优化问题。这些方法能在较大的搜索空间中寻找到满足约束的解决方案，同时也可以通过模拟退火等技术来避免陷入局部最优解。除了经典的优化方法，随着人工智能技术的发展，深度学习模型也逐渐被引入到无人机航迹规划中，通过训练数据模拟不同的飞行任务和环境场景，机器学习模型能够预测并优化无人机的飞行路径。

三、能效与飞行持续性分析

无人机系统的能源效率和飞行持续性是确保其实际应用和任务执行能力的关键因素。在多无人机编队飞行和协同操作的环境下，如何优化航迹规划以提高能效和保障飞行持续性是一个技术挑战。

能效在无人机系统设计和操作中具有重要的战略意义，直接影响了无人机的作业成本和持续工作时间。高能效的无人机可以较长时间进行飞行任务，从而减少需要的充电或加油次数，增加无人机在特定任务中的作用效果和时间覆盖率。在多无人机系统中，能效问题尤为突出，因为每架无人机的能效不仅影响其个体的性能，也间接影响整个群体的效率和协同作业效果。

飞行持续性与能效密切相关，是指无人机在一次能量补给后，能持续执行任务的时间长度。这不仅依赖于无人机本身的能源管理和消耗效率，还涉及通过有效的航迹规划减少不必要的能量消耗。为此，进行精确的能耗模型建立和实时能耗监控成为提高飞行持续性的关键技术之一。

在多无人机的协同航迹规划中，考虑到各无人机的能耗特性和任务需求，采用优化算法进行航迹设计是提高能效和飞行持续性的有效途径。这包括减少航迹之间的冗余距离、规划最佳飞行速度和高度、以及考虑环境因素如风速和气候条件等。通过这些方法，可以显著减少无人机的总能耗，延长其在空中的作业时间，同时确保任务的顺利完成。

此外，航迹规划的优化还需要考虑多无人机之间的动态协调和相互作用，确保在提升个体能效的同时，不会因协同操作引起新的能耗问题。例如，避免无人机之间不必要的动态调整和频繁的状态变更，这些都可能增加额外的能耗。

针对能效和飞行持续性的分析，不仅需要考虑单一无人机的操作策略，更要综合考量多机系统的整体优化。包括但不限于算法设计，在保证协同航迹规划效率的同时如何实现能源的最优配置和消耗最小化。在实际运行中，还需要对无人机进行实时的能效监测与管理，通过数据分析预测其性能衰减趋势，及时调整航迹规划和任务分配，以适应实际环境中可能出现的各种变数。通过建立健全的能效评价体系和飞行持续性保障机制，可以有效提升无人机群体在复杂动态环境中的作业效能和持久性。

四、障碍物避让与风险评估技术

多无人机系统在执行复杂任务时，如搜索、救援、或军事侦察等，往往需要通过具有挑战性的环境，这要求无人机不仅能够高效确定航线，同时还必须能在遭遇障碍时迅速做出反应，从而确保安全飞行。障碍物避让和风险评估技术因此成为了研究的重点，尤其是在多无人机的协同控制领域中，这些技术的重要性更是倍增。

障碍物避让技术主要涉及无人机在飞行过程中对障碍物的实时识别和避让。在多无人机协同操作中，单个无人机的避让决策会影响整个群体的行动效率和安全性。为此，研究人员开发了基于视觉、雷达和其他传感器的探测技术，这些技术能够帮助无人机识别前方的障碍物，如建筑物、树木或其他飞行器等，并计算出避让路径。这种路径计算不仅要考虑避让障碍物，还要确保与其他无人机保持安全距离，避免发生碰撞。

风险评估则是在无人机飞行规划阶段和实时飞行阶段不断进行的过程，目的是实时评估和管理无人机飞行所面临的各种风险。风险评估通常涉及对气候变化、无人机系统的性能限制、飞行环境中的不确定要素等因素的考量。通过建立数学模型预测潜在的风险和决策模型来调整飞行行为，无人机可以优化航迹以应对可能的风险情况。

在多无人机协同飞行的场景下，每个无人机的避让动作和风险评估不仅要独立考虑，还要与整个系统的其他无人机协调一致。这就要求算法能够在全局视角下进行优化，以确保整个群体的效率和安全性。例如，当一个无人机识别到前方有障碍物需要绕飞时，它的行动可能会影响到编队中其他无人机的行动，此时协同控制算法需要迅速重新规划整个群体的飞行路径，确保所有无人机都能安全经过。

此外，多无人机系统的障碍物避让与风险评估还必须考虑到系统的实时性和敏捷性。无人机在执行任务时往往需要快速响应环境变化，这就要求避让和风险评估算法必须具备高效处理和计算能力。为了满足这一要求，研究人员致力于开发更加高效的算法，并利用人工智能技术如机器学习和深度学习提高避让和风险评估的准确性和速度。

在实际应用中，无人机的障碍物避让与风险评估与技术的发展离不开高性能的计算平台和算法的实时优化。随着技术的发展，未来无人机将能更加智能和自主地完成更多复杂任务。通过持续优化这些技术，无人机协同控制的效率和安全性将不断提高，这将极大地推动其在民用和军事领域的广泛应用。

五、协同路径生成与冲突解决

在研究面向编队飞行的无人机多模态协同控制领域中，协同路径生成与冲突解决是一个极具挑战性的议题。该主题不仅要求在设计协同航迹规划时确保路径的有效性和安全性，还要有效解决路径规划过程中可能出现的多机冲突问题，确保无人机可以在执行任务的同时，保持高效和安全的飞行。

协同路径生成的初衷是使得多无人机能够在同一任务环境中共享空间资源，完成复杂的任务指派。无人机在执行任务过程中需要避免相互干扰和碰撞，这要求算法不仅要考虑单个无人机的路径最优化，同时还要放在整个无人机群体中进行考量。此外，路径生成还需考虑如天气、障碍物等环境因素，以及无人机的动力学特性和当前状态。

冲突解决机制在多无人机协同路径规划中扮演着至关重要的角色。冲突通常指的是两架或以上的无人机在同一时间点预计会出现在相同的空间位置，或者它们的飞行轨迹在空间和时间上过于接近，有碰撞的风险。冲突解决的目的是调整无人机的飞行轨迹和时间表，以避免这种重叠，确保每架无人机都有安全的飞行路径。

协同路径生成过程可以依赖于多种算法，如基于图的搜索算法、遗传算法或者粒子群优化算法等。这些算法能够在考虑多种约束条件的情况下，如速度限制、能耗最优化及任务时间窗等，进行路径规划。路径规划需处理的数据包括无人机的当前位置、预计目标位置、飞行速度、耗能模型等，而算法则需要输出一系列的飞行指令，包括速度和方向的调整。

解决路径冲突则需要在路径生成的基础上进一步分析。当检测到潜在的冲突时，系统需判断冲突的严重程度，并根据冲突类型采取相应的措施。例如，可以通过调整无人机的飞行速度或改变飞行高度来避免冲突。在更复杂的情况下，可能需要重新规划部分无人机的飞行路径，以保障整个无人机群的飞行安全。这种类型的动态路径调整要求系统能够实时收集和处理飞行数据，响应速度快，处理效果好。

此外，协同路径生成与冲突解决还涉及信息共享和通信机制。无人机之间以及无人机和控制中心之间的有效通信是实现协同飞行的基础。只有在实时共享飞行位置、速度、状态信息的基础上，才能有效监控群体飞行状态并及时调整飞行计划。

六、算法性能对比与评价方法

评价多无人机协同航迹规划算法的性能，通常会依据多个关键指标。这些指标包括但不限于算法的优化效率、计算复杂度、成功率、稳定性和实用性。优化效率主要反映算法在实际操作中寻找最优解的速度，是评价算法性能的重要指标；计算复杂度则涉及算法处理问题所需要的计算资源，直接关系到算法是否适合在现实环境中部署；成功率衡量的是算法在各种测试情景中达到预定目标的频率，是衡量算法可靠性的直接体现；稳定性指的是算法在不同的输入或扰动下仍能保持输出结果稳定不变的能力，这对于实际应用尤为重要。实用性则是综合考量算法是否适应复杂多变的实际环境及其操作的简易程度。

在评价方法的选择上，通常采用模拟实验和实际应用两种方式。模拟实验可以在控制的环境中详细地观察和分析算法在特定条件下的表现，而实际应用测试则更侧重于算法在现实世界中的应用效果和适应性。通过这两种方式，可以全面地评估算法的实际效能和潜在的应用价值。

对比分析是评价研究中的另一个核心环节。对比分析不仅涵盖了单一算法跨多个指标的表现，还包括了多个算法在相同指标下的性能比较。例如，可以将新开发的算法与当前领域内的主流算法进行比较，分析各自的优势和不足。通过这种方法，研究者可以清楚地识别各算法的关键性能指标，并作出相应的改进和优化。

此外，进行有效的算法性能对比与评价还需要考虑算法适应的不同航迹规划场景。由于多无人机操作环境的多样性，同一算法可能在不同的应用场景中表现出不同的性能。因此，选择合适的测试场景，确保评价的全面性和公正性，对于得出有意义的对比结果至关重要。

最终，基于上述评价和比较结果，研究者能够提出具体的改进建议或开发新的算法，以优化多无人机的协同航迹规划能力。通过反复的测试与优化，可以确保所开发的算法不仅在理论上具备高效性，而且在实际操作中能够表现出良好的性能和强大的适应力。

第三节　无人机编队多模态协同控制策略

一、多模态感知与信息融合技术

在进行无人机编队飞行的研究中，多模态感知与信息融合技术是一项关键的技术，它涉及利用多种传感器数据进行处理和分析，以实现更加精准与高效的协同控制。多模态感知技术主要是指无人机在飞行过程中，采用多种传感器，如光学摄像头、红外传感器、雷达、声纳等，来感知周围环境的不同方面。这些传感器截获的信息类型各异，能提供不同的环境数据和飞行状态监测。

信息融合技术则是指将由多模态感知系统所获取的各种异构信息进行有效的整合与处理，以增强决策和控制的准确性。例如，视觉和雷达传感器的数据可以结合使用，互为补充，从而在视线不佳的情况下也能确保飞行的安全和有效。通过信息融合，可以实现更为复杂的环境感知、更快的响应时间以及更高的操作效率。

在无人机编队多模态协同控制策略的研究中，这些技术的应用尤为重要。编队飞行要求无人机之间需要有高度的协调和精确的位置控制，以维持编队的稳定和飞行的安全。在此背景下，多模态感知不仅仅是对单一无人机状态的监控，更是对整个编队每一机体与环境之间交互情况的全面把握。

实现有效的多模态感知与信息融合，需要解决多个技术难题。一是数据融合问题。不同模态的传感器具有不同的工作原理和数据格式，如何有效地将这些数据进行同步和融合，是技术研究中的一个重点。数据融合不仅要处理来自于不同传感器的数据类型不一致的问题，还需要考虑数据的实时性和准确性，确保信息在处理过程中的时效性和可靠性。二是精确控制问题。在多模态融合提供的信息基础上，针对每一个具体的飞行任务和环境，设计合适的控制算法，使之能够根据实时获得的环境和状态信息，快速准确地调整无人机的飞行状态，是实现高效协同控制的关键。此外，还需要考虑到无人机在不同环境中可能面对的特殊情况，如风速变化、突发气象条件等，控制系统需具备一定的适应性和鲁棒性。三是系统优化问题。多模态感知与信息融合系统需要在保证高性能的同时，尽可能地降低系统的复杂度和成本。这包括传感器的选择、数据处理算法、硬件设计等方面的优化。系统的优化不仅关乎技术的有效性，还直接影响到系统的可行性和经济性。

除此之外，随着技术的发展，多模态感知和信息融合技术在无人机编队中的应用正在向更高级别的智能化发展。例如，利用人工智能和机器学习算法，对大量的传感器数据进行深度学习处理，可以进一步提高信息融合的效率和精度。智能化的信息融合不仅可以实现更复杂环境的适应能力，还可以通过学习历史数据，优化飞行策略和响应机制。

二、自适应控制策略设计

自适应控制策略设计是解决由于外部环境不断变化及模型不确定性引起的控制问题的关键技术。自适应控制策略能够实时调整控制参数，以适应环境变化和系统内部动态特性的变化，从而保证无人机编队的稳定性和高效性。

自适应控制策略设计的主要目的是使无人机在各种操作环境中都能维持预定的飞行形态和轨迹，即便在面临外部扰动或内部参数变化时也能保持高度的适应性和响应能力。这一策略的设计需要基于无人机系统的动态模型构建，包括对无人机行为的精确描述和预测。

在自适应控制策略中，关键的技术之一是自适应律的构建，这需要对无人机的动态行为进行精确的建模分析。通过建立精确的数学模型，可以实现对无人机编队状态的实时监控和控制，进而通过调整控制律来适应各种飞行条件。这种控制律通常包括参数估计器与反馈控制器。参数估计器根据实际飞行数据不断调整模型参数，以适应环境变化和机体性能的波动；而反馈控制器则根据参数估计结果实施动态调整，确保无人机编队的飞行性能符合预期目标。

自适应控制的实施还需要强大的算法支持，以便于在控制过程中快速准确地进行数据处理和决策制定。常见的算法有基于模型参考自适应控制（Model Reference Adaptive Control，MRAC）和基于神经网络的自适应控制等。MRAC策略是通过设计一个参考模型来描述理想的系统输出响应，控制器的目的是使实际系统输出尽可能跟踪这一参考模型。而神经网络则可以通过学习大量的飞行数据，自动生成控制策略，以应对那些难以通过传统数学模型描述的复杂环境或情况。

安全性也是自适应控制策略设计中必须考量的重要因素之一。无人机编队在执行任务时可能会遭遇各种意外情况如突发的气流变化、误导信号、遭遇障碍等。自适应控制系统需要具备快速的故障检测与隔离能力，并能快速重新配置控制策略，以确保编队能在最短时间内恢复到安全的飞行状态。

此外，自适应控制策略的设计还需要考虑控制算法的实时性和资源消耗。由于无人机编队通常需要在资源受限的环境下操作，因此控制算法不仅要高效，还要足够简洁，以适应计算资源有限的板载计算平台。

三、容错与鲁棒性控制机制

在研究多模态无人机编队的协同控制策略时，容错与鲁棒性控制机制是保证无人机系统在面对不可预见的环境变动和内部故障时仍能稳定运行的关键因素。容错控制主要关注系统在某个或几个组件失败情况下，如何维持整个系统的正常运行；而鲁棒性控制则专注于在各种不确定性和外部干扰下，保持系统性能在可接受范围内。

容错控制机制通常需要通过设计多余的冗余部件或功能来实现。这些冗余可以是硬件上的，例如多余的传感器和执行器，也可以是软件上的，如备份的控制算法。当检测到某个系统组件发生故障时，控制系统会自动切换到备用组件或执行备用控制策略，从而避免或减小故障对整个无人机队形的影响。

在设计容错控制策略时，分散与集中控制结构的选择非常关键。在分散控制架构中，每一架无人机具备自主的决策能力，能够根据局部信息自行调整飞行状态。这种方式提高了系统的可扩展性和灵活性，也减少了单点失败对整个系统的影响。然而，这也可能导致协调一致性难以保证，尤其是在复杂或动态变化的环境下。相对地，集中控制架构通过一个中心节点或几个主要节点来统一指挥，虽然在协同性和一致性上表现更好，但一旦中心节点出现问题，整个系统的稳定性和安全性将受到严重影响。

鲁棒性控制机制设计上则更侧重于如何处理外部环境的不确定性和干扰。无人机在实际飞行过程中，会面临诸如气流扰动、温度变化、信号干扰等多种不确定因素，这些因子可能会影响无人机的飞行状态和编队配置。鲁棒性设计需要无人机系统能够识别这些不确定性，并通过动态调整控制策略来应对可能的变化，确保编队稳定和任务完成。

实现高鲁棒性的一个有效手段是采用自适应控制技术，此技术能够根据环境与系统状态的实时反馈调整控制参数。例如，可以通过实时调整无人机之间的相对位置和速度，来应对突发的风速变化或其他无人机的意外行为。此外，模型预测控制（Model Predictive Control，MPC）也是应对动态环境中不确定性的一个重要工具。MPC通过预测未来一段时间内的系统表现，提前计算出最优的控制策略，有效地增强了系统对未知干扰的适应能力和整体的操作效率。

为进一步提升容错与鲁棒性，可以采用多传感器融合技术，通过集成来自不同传感器的信息，提高系统对环境感知的准确性和可靠性。这种技术有助于在某些传感器失效时，通过其他正常工作的传感器提供必要的信息，保障无人机队形的稳定与飞行任务的顺利执行。

四、协同决策与行为策略优化

协同决策的核心是如何处理和理解多无人机间的信息交换与共享，以实现群体智能的最大化。这包括了任务分配、状态更新、以及协同策略的制定等方面。在操作过程中，每一台无人机不仅需要根据自身的传感器和数据处理模块来更新其状态，还需要与其他无人机进行信息交换，以协调彼此的行动和策略。

行为策略优化则聚焦于动态环境下的策略调整，确保每个策略都能够适应环境变化，并且能够在多模态操作条件下有效执行。这包括算法的设计，如强化学习、遗传算法等，用于实时更新和优化无人机的行为决策。

在开展协同决策与行为策略优化时，首先是定义各种环境和任务模式下无人机可能的行为模态和相应的优先级。这一步骤是至关重要的，因为它直接关系到后续决策制定的准确性和合理性。其次，设计协同决策算法，包括决策树、状态评估、概率推断等，它们能够帮助无人机在诸多可能选择中做出最合适的判断。

进一步，行为策略的设计和优化需要依据实时数据来进行。无人机系统可以通过学习之前的执行历史和当前环境中的数据获取新知识和调整策略，这种学习与适应的能力是多模态协同控制中的一个复杂而重要的方面。例如，通过机器学习方法，无人机能够识别当下的环境模式，并调整自己的飞行策略，以适应环境变化和任务要求。

安全性在协同决策与行为策略优化中也占据了重要的位置。在多无人机协作中，如何确保信息的安全传输和处理，避免潜在的碰撞风险和错误决策，是设计高效协同控制系统的关键。此外，每一步策略更新和决策制定的过程中，都需考虑到系统的整体稳定性和各无人机间的动态平衡。

此外，协同决策与行为策略优化还需要有一套完整的评估和反馈机制。通过对每次任务执行后的评估，可以收集关于策略效果的反馈信息，以供未来的决策和策略优化使用。这种持续的迭代改进过程是提升无人机编队协同效果的关键。

五、控制算法的标准化与模块化实现

在探讨无人机编队多模态协同控制策略的研究与实施过程中，控制算法的标准化与模块化实现是实现高效、灵活控制系统的重要组成部分。标准化与模块化是两个相辅相成的概念，它们在设计和实施复杂系统时，为系统的可维护性、扩展性及再利用性提供了极大的便利。

在控制算法的标准化实现方面，核心理念在于制定一套通用的设计和实现规范，使得算法的设计与应用能在同一个标准下进行，从而简化算法的开发、测试和部署过程。例如，无人机控制算法设计时，可以通过标准化的输入输出接口，确保各种不同环境下的无人机能够无缝切换控制模式和行为策略。此外，算法标准化还能够降低系统之间的相互依赖性，增强不同系统组件之间的兼容性，使得系统集成更加顺畅。

模块化实现则专注于将复杂的系统或算法分解成若干个独立、易于管理的小模块。每一个模块承担着特定的功能，而模块之间通过定义良好的接口相互通信。这种方式不仅提高了系统的可读性和可维护性，而且使得系统具备很好的灵活性和扩展性。在无人机编队控制的环境下，模块化设计使得单个无人机的控制策略可以快速迭代更新，而不必重构整个系统，极大地加快了应对复杂环境变化的能力。

控制算法的模块化还意味着可以在不同的无人机或不同的任务中重复利用已经开发的模块。例如，一个用于障碍物避让的控制模块，就可以在各种需要绕开障碍物的场景中重复使用，无需针对每一种情况重新开发新的算法。这种方法不仅节省了开发时间和成本，也使得整个系统更加稳定，因为每个模块都可以独立进行测试和优化。

将标准化与模块化相结合的另一个重要优势在于提升了系统的错误容错性。在一个模块化良好的系统中，如果一个模块发生故障，该故障不大可能会影响到其它模块的正常工作。此外，相关的故障检测、隔离和恢复机制也能更加容易地实现。对于无人机编队而言，这一点尤为重要，因为任何单一无人机的故障，都不能导致整个编队的任务失败。

在无人机编队的多模态协同控制策略中，标准化与模块化的实现不仅能确保各无人机之间高效的通信和协同工作，而且还能够实现快速的策略调整与优化，应对多变的任务需求和环境挑战。通过在设计初期就考虑算法的标准化与模块化，可以在保证系统性能和安全性的同时，提高研发效率，缩短产品的市场周期，更好地满足市场和用户的需求。

六、实时通信与网络协议的适配

多模态无人机系统通常包括不同类型的无人机，如固定翼无人机、旋翼无人机等，它们在执行如搜索、监视、侦察或货物运输任务时需要高效的通信系统以实现精确的编队控制和任务协调。

实时通信对于无人机编队而言，主要解决信息在无人机间的即时交换问题，包括飞行状态、位置、速度及环境数据等。编队中的无人机需要根据实时数据作出快速反应，调整飞行路径或完成特定任务。这一过程对通信的及时性、可靠性和稳定性提出了极高要求。

网络协议在实时通信系统中起到规范数据传输格式和方法的作用，保证数据在不同设备和系统间正确、有效地传送。在无人机编队中，适合的网络协议应该能够支持低延迟、高可靠性和高数据传输效率，同时还需考虑到无人机系统的动态性和多样性，如编队规模的变化、无人机种类的多样性及飞行环境的复杂性。

无人机编队系统中实施网络协议的过程涉及多个层面，包括物理层、数据链路层、网络层和传输层。物理层关注于无线电频率的选择、信号的生成和接收等基础问题，它直接影响到信号的覆盖范围和穿透力；数据链路层处理如何有效地在无人机之间建立和维持稳定的连接，包括数据封装、帧同步、错误检测和重传机制等；网络层主要负责数据包的路由选择和转发，确保数据能通过最优路径传输；传输层则关注端到端的通信管理，如数据的分割、流控和拥塞控制等。

为了满足实时通信的需要，网络协议应设计为可以自动适应网络环境变化和无人机状态的变更。例如，在无人机临时退出编队或新无人机加入时，网络协议需要快速重新配置网络，以保持网络的稳定性和连续性。此外，协议需要支持多种通信标准和频段，以适应不同的操作环境和避开可能的频率干扰。

七、能源效率与持续性控制优化

在当前全球化快速发展的背景下，无人机技术的应用范围日益广泛，从军事侦察到民用监测，其重要性不言而喻。特别是在编队飞行领域，无人机的协同控制策略成为了研究的重点。其中，能源效率与持续性控制优化是确保编队无人机长时间、高效完成任务的关键因素。

能源效率的优化首要解决的是如何在保证无人机执行任务的前提下，将能源消耗最小化。这涉及无人机在编队飞行中的速度、高度、航向等飞行参数的优化配置。通过对这些参数的精确控制，不仅可以减少风阻导致的额外能量消耗，还可以通过合理的编队排布，利用气流互助效应降低整个编队的能耗。例如，通过研究不同编队形态对气动效应的影响，科学地安排无人机在编队中的位置，可以有效利用前机产生的上升气流，从而减少后续无人机的推进力需求。

持续性控制优化则着眼于保持无人机在长时期任务中的高效表现。这包括无人机系统的健康管理、故障预防及时响应机制等。在多模态协同控制策略中，通过实时监控无人机的关键性能指标和环境因素，可以及时调整控制策略，预防因系统故障或外部环境变化引起的任务失败。例如，通过安装高精度的传感器和辅助决策系统，无人机能够实时收集和处理飞行数据，识别潜在的风险因素，并自动调整飞行模式来避开风险。

在进行能源效率与持续性控制的优化时，一种有效的方法是采用机器学习算法。机器学习算法能够根据历史数据预测并优化无人机的飞行状态，实现节能减排的同时保证编队飞行的稳定性和可靠性。此外，深度强化学习等技术的引入，使得无人机不仅能够在仿真环境中学习最优飞行策略，还能在实际飞行中通过持续学习适应各种复杂的飞行环境。

然而，要实现这一切，还需克服许多技术和实践障碍。例如，精确的能耗模型构建、高效的数据传输和处理机制、以及多模态协同控制下的安全管理等。此外，现实世界中无人机的运行环境远比实验室复杂，如何将理论研究有效转化为实际应用，需要相关技术人员不断探索和实践。

通过对以上关键技术的不断研究和创新，无人机编队在能源效率和持续性方面的优化将极大提升无人机系统的整体性能和应用价值。这将为无人机技术的实际应用提供坚实基础，并可能推动相关领域技术的革新。对于未来的发展趋势而言，随着人工智能、机器学习等技术的落地和成熟，结合自动化控制系统，无人机编队将越来越多地应用于复杂多变的任务执行中，如灾区搜索救援、环境监控等领域，展现出广阔的发展前景。

第四节 仿真与实验研究

一、系统模型和环境设置

系统模型的构建初步需要明确无人机的动力学和控制系统的数学描述。通常，无人机模型包括其位置、速度、加速度等动态参数，以及影响其飞行状态的外部因素如风速、气温等。在编队飞行的情境下，除了单个无人机的动力学模型，还需要考虑无人机之间的相互作用，如避障、编队保持等。这要求模型不仅要精确描述单个无人机的行为，还要能够模拟多机之间的交互作用。例如，可以通过引入领航者—跟随者模型来设计编队控制策略，其中领航者无人机的行为会直接影响跟随者无人机的控制响应。

在选择合适的系统模拟环境时，软件的选择至关重要。现有的一些仿真软件如MATLAB/Simulink、Gazebo等，提供了丰富的工具和库，使得研究人员可以方便地构建复杂的无人机动态模型并进行高度可定制的仿真。利用这些工具，研究人员可以在多变的环境条件下测试无人机的性能，如不同的风力、温差等，这有助于评估控制策略在实际应用中的稳定性和鲁棒性。

此外，环境设置对于仿真结果的准确性和实验的成功率同样重要。在实验环节，如何设计实验场景和选取实验设备是关键步骤。例如，在室外实验中，需要选择适合的地点以及确保足够的空间来模拟实际操作环境；对于室内实验，需要设置合适的风洞设备来模拟风力的影响。同时，考虑到实验的安全性和数据的准确性，所有的飞行测试都需严格遵循预设的飞行计划和安全准则。

针对不同的实验需求，实验设计应当包括实时数据采集系统和高精度的传感设备。通过安装高性能的GPS系统、惯性测量单元(IMU)等，可以实时跟踪无人机的位置与姿态，确保数据的准确收集。同时，实验过程中的数据处理和分析也非常关键，这要求研究者不仅要有强大的数据处理能力，还要对数据分析有深入的理解，以便从实验数据中提取出有价值的信息，进一步优化控制策略。

通过系统模型的详细构建和实验环境的精心准备，确保无人机编队飞行控制策略的研究具有高度的实证性和实用价值。这不仅能够推动理论的进步，更能为无人机的实际应用提供坚实的技术支持，使其在复杂动态环境中表现出更为出色的性能和更高的可靠性。

二、数据采集和参数校准

在进行无人机多模态协同控制的研究中，数据采集和参数校准是仿真与实验研究的核心环节。数据采集不仅是获取无人机在飞行过程中各种性能指标的过程，它涉及的是如何准确地捕捉到无人机在不同控制模式下的运行数据，包括但不限于速度、高度、姿态、电池使用情况以及环境交互因素等。参数校准则是基于这些数据，通过对无人机系统模型的调整，确保模型的准确性和预测的可靠性，从而提高无人机编队飞行的协同控制效率。

数据采集系统通常包括传感器、数据收集模块和数据传输模块。传感器的选择和布置需考虑无人机的具体任务和飞行环境，例如在复杂动态环境下，可能需要加装视觉或雷达传感器来感知周围障碍。数据收集模块负责从传感器接收数据，并进行必要的初步处理，如数据清洗和格式化。数据传输模块则确保数据能够实时、安全地传输到地面控制站或其他无人机。

进行参数校准时，关键是建立准确的数学模型，该模型能够反映无人机的动态特性及其与环境的相互作用。这通常涉及控制算法的设计，其中包括线性和非线性模型，以及基于机器学习的方法。控制参数的校正通常需要在实验环境中进行，通过对比实际飞行数据和模型预测数据来调整参数，以减少两者之间的误差。

仿真环境的建设也是数据采集和参数校准过程的一部分。通过创建接近真实的飞行环境，可以在无风险的条件下测试无人机的性能，并调整控制算法。这些仿真不仅可以是计算机模拟，还可以包括实体仿真，如风洞测试等。

数据采集和参数校准的成功直接影响到编队飞行中无人机的协同效率。例如，在进行队形变换或应对紧急情况时，只有当数据准确且模型经过精确校准时，无人机才能做出快速而准确的响应。因此，这一环节是确保多模态协同控制系统可靠性和有效性的关键。

此外，参数校准不是一次性活动，而是一个持续的过程。随着无人机硬件的老化、软件的更新以及外部环境的变化，原有的参数可能不再适用，需要根据最新的操作数据进行重新校准。这要求研究人员持续监控无人机系统的性能，并根据实际情况调整校准策略。

数据采集和参数校准还需考虑数据安全和隐私问题。无人机在采集数据时可能涉及敏感区域或个人信息，因此需要实施严格的数据管理和保护措施，以防数据泄露或被恶意利用。

通过高效且精确的数据采集和参数校准，无人机的多模态协同控制能在复杂动态环境中达到最佳性能。这不仅能增强无人机编队的整体效能，还能提升单个无人机及整个编队系统的适应能力和应对复杂情景的能力，最终推动无人机技术在各种应用领域的广泛应用和发展。

三、仿真过程设计

仿真过程设计的第一步是明确仿真的目标和需求。这包括确定应模拟的无人机的数量，各种模态的特性（如固定翼和旋翼无人机的不同飞行模式），以及编队飞行中的控制策略。其次，需要选择合适的仿真平台和工具，例如MATLAB/Simulink、FlightGear或者是专业的无人机仿真软件如ANSYS Fluent，这些工具能提供实时的飞行状态模拟，包括无人机的动态特性、环境因素等。

随后，设计时还需考虑到模型的精度与复杂度。在多模态无人机的模型设计中，不仅需要准确地表达不同模态无人机的物理及飞行动力学特性，还应该考虑到模型的计算效率，以便在多无人机协同场景下进行高效仿真。为此，可能需要采用多级模拟技术，如先进行单独模态的仿真，然后再进行整体编队的仿真。

另外，控制算法的设计与实现是仿真过程设计中的另一个重点。在多模态无人机编队控制中，常见的控制算法包括基于领航者–跟随者（leader-follower）、虚拟结构（virtual structure）、行为方式（behavioral approach）等策略。通过仿真，可以分析不同控制策略在不同飞行环境和任务要求下的适应性和效益，并据此优化控制参数。

此外，环境设置也是仿真不可忽视的一部分。这涉及风速、气压、温度等气象条件，以及地形、障碍物等地理因素的模拟。正确的环境设置能增强仿真的现实性，对于测试无人机编队在复杂环境下的稳定性和适应性尤为重要。例如，可以模拟山区或者城市间隙飞行环境，检验无人机群体在极端或特殊条件下的飞行表现和控制策略的有效性。

仿真实验的另一个核心环节是数据收集与分析。仿真过程中生成的数据包括无人机的位置、速度、加速度等飞行数据，以及与之对应的环境数据和控制命令。通过对这些数据的详细分析，可以评估无人机编队控制算法的性能，如控制精度、响应时间和能耗等。此数据还可以用于进一步的仿真优化和控制策略的迭代更新。

完成上述几个步骤之后，整体仿真流程的建立就基本完成，接下来的工作就是进行实际的仿真运行，观察无人机编队飞行的行为表现，验证控制策略的有效性，以及根据反馈结果对仿真模型和控制算法进行适当的调整和优化。通过这种迭代过程，仿真模型将逐渐接近真实世界的操作条件，为多模态无人机的实际部署和操作提供有力的技术支持。

总体而言，仿真过程的设计是一个系统化的工程，涉及模型构建、控制策略设计、环境搭建和数据分析等多个方面。在多模态无人机编队飞行的研究中，高质量的仿真设计不仅能够帮助研究者深入理解各种飞行模式和控制策略，还能显著提高无人机系统的实际应用效果，是推动无人机技术发展的重要步骤。

四、场景设计与仿真实验

无人机编队飞行作为一项高度复杂和技术密集的研究领域，在进行理论研究和算法开发之前，通常需要详细设计仿真场景，以确保所提出的控制策略能够在多种情况下表现出良好的性能和稳定性。场景设计与仿真实验是确保无人机多模态协同控制理论有效性和实用性的关键步骤。

场景设计主要包括虚拟环境设置、任务定义、外部干扰模拟和性能评估准则等多个方面。虚拟环境设置旨在创建一个尽可能接近真实世界的操作环境，它可能包括复杂的地形、不同的气候条件以及各种障碍物。对于编队飞行的无人机而言，场景设计还需考虑到群体协同飞行的空间排列和时序协调。

一般而言，任务定义包括指定无人机群体需要执行的具体任务，如侦察、监视、货物运输或者特定区域的详细检查等。每种任务类型都需要根据无人机的功能和任务需求具体定制仿真参数及其行为逻辑。

外部干扰模拟是仿真实验中不可或缺的一部分，这些干扰可能来自环境（如风速变化、温湿度差异等）、信号干扰（如电磁干扰和GPS信号失真）或是其他未知的干扰源。如何在这些不稳定因素中确保无人机编队依然能够保持稳定的性能，是设计过程中需重点考量的。

性能评估准则是衡量无人机协同控制策略成败的标准，通常包括任务完成率、飞行安全、能耗、反应时延和协同效率等。性能的评估能够直接指导后续的控制策略调整和优化。

进行场景设计之后，就是仿真实验的具体执行。仿真实验通常通过专门的软件平台来进行，这类软件能够模拟无人机在虚拟环境中的飞行，并实时记录各项数据。无人机编队的多模态协同控制策略在此阶段会被详细测试，包括单一无人机的控制精确性与无人机之间的协同连贯性。

在仿真实验中，研究者需要不断调整无人机的控制参数，比如调节飞行速度、改变编队结构、优化通信协议等，以观察这些调整对整体任务执行的影响。通过这一系列的测试和调整，可以逐步完善无人机编队的协同控制策略。

此外，实验阶段还需要关注数据的收集与分析。数据分析不仅包括对完成任务的评价，还涉及对遇到问题的诊断分析，如无人机的失稳、控制信号的延迟、数据传输的丢包等。通过分析这些数据，研究者可以进一步了解实验中出现的各种情况，为理论研究和仿真模型的改进提供支持。

五、数据分析与结果评估

在进行无人机编队飞行的仿真与实验时，首先需要收集大量数据，包括但不限于无人机的飞行状态、环境因素、传感器数据和控制指令执行情况等。收集数据后，必须进行详细的数据清洗和预处理，以确保后续分析的准确性和效率。数据预处理包括去除噪声、数据归一化、缺失值处理和异常值剔除等，这些都是确保数据质量，提高后续分析有效性的关键步骤。

数据清洗完成后，进行数据分析必不可少。数据分析主要包括统计分析、时间序列分析、频域分析等方法。通过这些分析方法，研究者可以详细了解无人机在编队飞行中的表现，包括飞行稳定性、响应时间、控制精度等关键指标。此外，还可以通过机器学习方法如聚类分析、主成分分析（PCA）等进一步探索数据中潜在的模式和关系。

统计分析可以帮助研究者了解各项指标的分布情况和基本统计特性，如均值、方差等。时间序列分析则侧重于分析无人机状态参数随时间的变化规律，帮助识别在特定控制策略下的动态特性。频域分析可以揭示无人机系统在不同频率下的响应特性，对于设计滤波器和噪声抑制策略非常有用。

结果评估是数据分析之后的关键步骤，其目的在于验证控制策略的有效性，并对无人机编队飞行性能进行评估。评估过程中，通常会设定多个性能指标，包括稳定性、响应速度、精确度、能耗等。通过与预设的性能目标进行比较，可以直观地展示出当前控制策略的优劣和改进方向。

此外，结果评估还需要依据仿真与实验情况，对可能出现的问题进行分析和调整。例如，如果发现无人机在低速时控制精度较高，而在高速时控制精度下降，就需要对控制算法进行调整，或优化无人机的硬件配置，以适应更广泛的操作条件。

在整个数据分析与结果评估过程中，研究者还需要注意模型的过拟合问题，确保所开发的控制策略具有良好的泛化能力。这通常需要通过交叉验证等技术来实现。同时，在处理实验数据时，也要考虑到环境因素和设备误差对数据造成的影响，合理解释数据中出现的各种现象。

六、错误分析与系统调整

通过仿真框架模拟真实环境中无人机的飞行任务，研究人员可以预先发现潜在的问题并进行调整，而实验的进行则可以进一步验证仿真的准确性和可行性。特别是在错误分析与系统调整这一主题中，研究者不仅需要识别和分析系统运行中出现的错误，还需进一步调整系统以提高任务的执行效率和安全性。

错误分析是在编队飞行的无人机多模态协同控制系统中极为重要的一环。在多无人机协同作业中，错误可能来源于多个方面，包括传感器误差、通信干扰、控制算法不稳定、外部环境变化等。系统的稳定性和可靠性直接影响到整个编队的执行效果。通常情况下，错误分析首要任务是通过数据记录和状态监测来定位错误发生的阶段和模块，然后通过数据分析来判断错误的性质和原因。例如，如果无人机的飞行轨迹与预定轨迹存在显著偏差，分析人员需要检查导航系统的GPS信号接收状况，或是评估飞行控制算法是否因外部环境因素如风速变化而需要调整。

在识别具体错误后，系统调整步骤是解决问题的关键。调整措施可能包括软件升级、硬件更换、参数优化等，具体取决于错误的类型和严重程度。例如，如果发现错误源于控制算法不适应高速飞行条件，调整措施可能涉及重新设计控制算法，使其能够适应更广泛的飞行速度范围。此外，增强系统的鲁棒性通常是一个持续的任务，涉及从设计初期就考虑潜在的干扰源和异常情况，并在系统架构中加入相应的保护和自修复机制。

系统调整还需要对调整后的系统进行后续测试，以确保修改有效并未引入新的问题。这一过程可能需要多轮的测实验证，包括实地飞行测试和实验环境中的重复仿真。在每次测试后收集反馈，并进行必要的再次调整。这样的迭代过程有助于精细调整系统，实现最优的工作状态。

此外，仿真环境的设计也是错误分析与系统调整中不可或缺的一环。高质量的仿真环境可以提供与现实世界相仿的多种情境，使得无人机系统研发团队能够在不同的测试场景中评估系统的表现。这种环境应包括各种可能影响无人机性能的因素，如气象变化、电子干扰等，以确保系统能够在各种条件下都保持稳定可靠的表现。

七、案例研究与应用展示

第一个案例关注于基本的无人机编队控制问题。在这个案例中，设计了一个由五架无人机组成的队形，每架无人机配备有不同模式的感应器，包括视觉、红外和雷达传感器。通过协同工作，这些无人机能够维持稳定的队形飞行，同时对环境中的障碍物进行有效避障。仿真测试中，无人机群能迅速调整队形以应对不断变化的外部环境，展示了多模态感知在复杂环境中的有效性。

第二个案例研究进一步探讨了动态变化环境下的队形转换问题。在此案例中，无人机群需要在执行任务过程中，根据任务需求和外部环境的变化，自动从一种队形转换到另一种队形。例如，从列队转为楔形，以更好地穿越狭窄空间。在这个过程中，控制算法需要实时计算和调整每架无人机的飞行路径和速度，确保整体编队的稳定和飞行的安全性。实验结果表明，所提出的多模态控制策略能够有效支持无人机在复杂动态环境中进行高效、安全的队形转换。

第三个案例关注特殊场景下的协同控制问题。在这个场景中，无人机群在森林火灾中执行侦查和监控任务。考虑到不同无人机装备的传感器类型和探测范围的差异，协同控制系统需优化每架无人机的路径和任务分配，以最大化监控覆盖范围和数据收集效率。通过实地实验我们验证了系统在实际应用场景中的高效性和可靠性，无人机能够实时传回火情数据，并根据实时数据快速调整飞行策略。

最后一个案例则演示了在极端气候条件下无人机的应用效果。在这个案例中，无人机群在强风和低温的条件下飞行，这对无人机的飞行控制系统提出了更高的要求。通过采用多模态传感器和先进的控制算法，无人机能够有效抵抗恶劣天气的影响，保持编队的稳定性和作业的精确性。此外，基于实时的气象数据，无人机可以自动调整飞行策略，从而提高任务的完成率和安全性。

这些案例研究不仅展示了面向编队飞行的无人机多模态协同控制在复杂动态下的应用潜力，也证明了相关控制理论与方法论的前瞻性和有效性。通过这些仿真与实验研究，我们可以看到多模态协同控制策略在实际操作中具有极高的适用性和灵活性，为未来无人机编队飞行的研究和应用提供了宝贵的经验和参考。

第七章

复杂环境下无人机运动规划与跟踪控制

第一节　机动受限下无人机全局路径规划算法

一、无人机飞行特性及其机动受限性分析

在复杂环境下，无人机的运动规划需要准确理解其飞行能力及机动的受限因素，这些因素直接影响了其路径规划的效率和安全性。

无人机的飞行特性首先包括其动力学和空气动力学模型。动力学模型描绘了无人机在空中运动的物理本质，包括推力、扭矩、质量和惯性等因素的影响，而空气动力学模型涉及无人机与周围空气的相互作用，如升力、阻力和侧力等。这些模型的准确描述和预测对于进行高效的全局路径规划至关重要。

机动受限性分析则进一步细分为操作限制和环境约束。操作限制通常由无人机的设计参数决定，如最大速度、最大爬升率、最大滚转角和俯仰角等。这些限制定义了无人机在执行飞行任务时的性能边界。例如，一个高速无人机可能不适合在狭窄或复杂的城市环境中飞行，因为快速反应和精确控制在高速飞行时困难度较高。

环境约束则涵盖了外部因素对无人机飞行的限制，如天气条件、地形、存在的障碍物以及由此造成的空域限制等。例如，强风条件可能会限制无人机的飞行路线或飞行高度，而山区地形则可能限制飞行路径的选择，因为需要避开高山和陡峭的地形。此外，复杂的城市环境中的高层建筑也会对无人机的飞行路线造成制约，需要无人机进行精确的操控以避开这些障碍。这些环境因素不仅限制了无人机的运动自由度，也极大地影响了无人机的路径规划策略。

在分析无人机的飞行特性及其机动受限性时，还需要考虑无人机的感知能力。无人机的感知系统，包括雷达、光学相机和红外传感器等，能够帮助无人机获取关于周围环境的实时信息，这对于实现复杂环境中的安全飞行至关重要。感知系统的性能会直接影响到无人机在未知或变化环境中的路径规划能力。如果感知系统的覆盖范围或分辨率不足，可能导致无人机在面对复杂地形或突发状况时无法及时作出反应。

此外，无人机的控制系统同样是影响其机动能力的重要因素。一个高度集成和响应迅速的控制系统可以使无人机在面对突发情况时快速调整飞行状态，从而优化航线并维持飞行安全。控制系统的设计需要综合考虑无人机的动力学特性、操作者的控制需求以及外部环境的影响，这对于提高无人机在复杂环境中的适应能力和任务执行效率尤为重要。

二、全局路径规划问题的数学模型建立

全局路径规划问题的数学模型建立对于无人机在复杂环境中的高效、安全运行至关重要。此模型旨在通过数学表达式描述无人机从一个起始点到一个目标点的最优路径规划问题，同时考虑到运动学约束、环境障碍、安全距离、能耗最优化等多重因素。本节将深入探讨该数学模型的建立及其在无人机路径规划中的应用。

在全局路径规划问题中，首要任务是定义无人机的运动模型。无人机运动模型通常包括位置、速度及加速度等状态变量，而其动力学行为则可以通过一组非线性微分方程来描述。例如，可采用牛顿第二定律结合无人机的推力和阻力参数来形成这些微分方程。在路径规划的数学模型中，这些方程不仅需要精确描述无人机的运动特性，还应考虑到外力如风速对无人机轨迹的影响。

其次，环境模型的构建是全局路径规划的另一个核心环节。复杂环境下的无人机飞行，往往面临各种静态或动态障碍的挑战。因此，在数学模型中，需要引入障碍物描述子，如位置、形状、大小及可能的移动速度和方向等。环境模型不仅需要包括地形的高度、坡度等静态特性，还应考虑到建筑物、树木等动态因素的变化。这要求模型能够动态更新环境信息，以便实时调整无人机的飞行路径。

再次，全局路径规划算法核心是构建一个优化问题，旨在在满足所有约束的条件下，寻找一个从起点到终点的可行路径，使得某个成本函数最小化。这个成本函数通常是路径的长度、飞行时间、能量消耗或这些因素的组合。常用的优化方法包括图搜索算法如A*或Dijkstra算法，以及启发式搜索方法如遗传算法或粒子群优化。在数学模型中，这些算法的选择和设计需要依据无人机的具体任务和环境条件来决定。

全局路径规划问题的数学模型，还必须考量不同种类的约束条件。这些约束包括但不

限于无人机的飞行高度限制、避免特定区域、保持与障碍物一定距离以及满足特定的运动学约束（如最大飞行速度或加速度）。在数学模型中，这些约束条件往往以不等式形式存在，它们与优化目标一起构成了一个约束优化问题。

在实际应用中，还要关注数学模型的可解性和求解效率。由于无人机全局路径规划往往涉及大规模的数据和复杂的计算，因此，开发高效的数值方法和算法对于实际应用具有重要意义。此外，实时性也是无人机路径规划中不可忽视的一个方面，模型和算法必须能够在合理的时间内给出解决方案，以适应动态变化的环境和任务需求。

三、经典全局路径规划算法概述

全局路径规划旨在为无人机从起点到终点规划出一条完整的、可执行的飞行路线，结合飞行的安全性、经济性和实时性。下述七种广泛应用的经典全局路径规划算法。

格网法是一种将搜索空间划分成多个均匀的小格子，每个格子代表飞行环境中的一个具体位置。无人机在这些格子中搜索从起点到终点的路径。这种方法的优点是算法实现简单，容易理解和编程实现。然而，缺点是高分辨率的格网会导致计算量大增，特别是在广阔的搜索区域内。

可视图法则基于环境中的障碍物分布创建一个点与点之间直接可视连接的网络。无人机的路径规划即在这些连线上进行，选择阻碍最少的路径。该方法在开阔空间中效果较好，缺点是在障碍密集的环境中可能无法找到有效路径，且计算和更新可视图相对繁琐。

快速随机树（Rapidly-exploring Random Tree，RRT）算法通过随机地在搜索空间中扩展树来寻找路径。它适用于高维度和复杂的路径规划问题，特别是在障碍物分布不均或者动态变化的环境中。RRT能够很快地覆盖整个搜索空间，但生成的路径可能不是最优的。

A*算法是一种基于图的搜索方法，它通过将每步可能达到的所有位置按照成本函数（通常是起点到当前点的实际代价加上当前点到终点的预估代价）进行优先级排序，以找到最佳路径。A*算法在路径规划领域内非常受欢迎，因为它能够找到最优路径，并且在有明确启发函数时效率非常高。然而在搜索空间非常大或者启发函数不准确的情况下，A*算法的性能会受到影响。

遗传算法通过模拟自然选择和遗传的原理来求解路径规划问题。它通过定义一套编码规则将路径问题编码成染色体，通过交叉、变异等操作产生新的解，以此类推迭代找到较好的路径。遗传算法较好地解决了全局优化问题，能够在复杂或变化的环境中找到较好的解决方案，但算法运行时间较长，且结果的好坏高度依赖于参数设置和初始群体的选择。

人工势场法则是另一种从物理概念中提取思想的方法。它将目标视为吸引力源，障碍物视为斥力源，无人机将根据这些力的合成效果移动，直至到达目标位置或停在局部最低点。这种方法在处理简单环境中的避障问题时相对直观和有效，但在复杂环境或目标函数较为复杂时可能会陷入局部最优解。

自适应路径规划算法适用于动态变化的环境，能够根据实时数据更新路径。这类算法通常需要较为复杂的数据结构和预测模型，来预测环境变化并实时调整飞行计划，从而确保路径始终是可行和安全的。

每种算法都有其优势和限制，在选择适合的路径规划算法时，需要根据实际的应用场景、无人机的性能特性、环境的复杂性及其它任务要求来综合考虑。理解和掌握这些经典算法，为无人机系统的研究和开发提供了重要的理论支持和技术参考，是复杂动态环境下无人机全局路径规划设计的基础。

四、环境建模与障碍物表示方法

在进行无人机的全局路径规划时，精确的环境建模与障碍物表示是实现有效路径规划的基础。环境建模指的是使用数学和计算方法来构建飞行环境的数字化表示，包括但不限于地形、建筑物、天气条件等因素。障碍物表示则专注于如何在模型中准确地定位和描述那些可能对无人机飞行造成干扰的固定或移动障碍物。

环境建模的首要任务是捕捉环境的复杂性和多样性，确保模型能够反映真实世界中的各种情况。常见的环境建模技术包括栅格地图和矢量地图。栅格地图将环境划分为规则的网格，每个网格单元存储特定的信息，如是否存在障碍；矢量地图则通过连续的地理特征点来表示环境，更适合表达复杂的边界和自由形状。

障碍物表示要求模型能够准确地定位环境中的障碍物并描述其属性，如大小、形状、类型以及可能的动态变化。有效的障碍物表示不仅有助于无人机避开障碍，还有助于规划最优的避障路径。在动态环境中，移动障碍物如汽车、行人和其他无人机的实时表示尤其关键，这要求模型能够实时更新障碍物的状态和位置。

为了实现有效的环境建模与障碍物表示，多种传感技术被广泛使用，包括雷达、激光扫描（LiDAR）和光学相机。这些传感器提供了不同类型和精度的数据，使无人机能够适应各种飞行环境。例如，LiDAR能够提供高精度的距离信息和三维形状，非常适合于障碍物检测和环境测绘。

人工智能技术，尤其是机器学习和深度学习，也在环境建模和障碍物表示中发挥着重要作用。通过学习大量的环境数据，机器学习模型可以预测和识别复杂环境中的模式和障碍物，从而提高无人机的自主避障能力和路径规划的效率。此外，深度学习技术能够处理复杂的输入数据并从中提取有用的特征，这对于在复杂和动态环境中快速做出决策至关重要。

在实际应用中，有效的环境建模与障碍物表示方法需结合无人机的任务需求和具体的飞行条件。例如，在城市环境中，建筑物的高度和密集程度会对飞行路径和障碍物避让策略产生显著影响。在此类环境下，高度精确的三维建模是必要的，以确保无人机能够安全地在狭窄空间或近地面飞行。

安全是无人机操作的首要考虑因素，环境建模和障碍物表示的准确性直接关系到无人机的安全飞行。模型的精确性不仅影响路径规划的有效性，也影响紧急情况下的避障性能。因此，随着技术的发展，环境建模与障碍物表示的方法将持续优化，以提供更高的可靠性和安全性。

五、启发式搜索算法在全局路径规划中的应用

全局路径规划的目标是在已知环境中确定一条从起始点到目标点的最优或可行路径。对于无人机而言，全局路径规划不仅需要应对固定障碍物，还要考虑到环境中的动态变化，如移动障碍物等。因此，全局路径规划涉及复杂的决策过程，需要算法能够有效处理大规模的数据并提供实时响应。

启发式搜索算法在全局路径规划中的应用主要包括但不限于A*算法、D*算法及其变体。这些算法通过特定的启发式函数来评估从当前节点到目标节点的预期成本，从而决定搜索的方向。其中启发式函数的设计是这些算法能有效运行的关键因素。

A*算法是启发式搜索算法中常用的一种，它结合了最佳优先搜索和最短路径首先搜索的特点。在A*算法中，每个节点都有三个主要的参数：$g(n)$表示从起始点到当前节点的实际成本，$h(n)$为当前节点到目标点的预估成本，$f(n)$是这两者的和，即$f(n)=g(n)+h(n)$。算法在执行过程中会持续选择$f(n)$最小的节点进行展开，这种方式可以在很大程度上保证找到最短路径。

D*算法及其变体如D* Lite算法，主要用于动态环境下的路径规划。与A*算法相比，D*算法能够在环境发生变化时，快速修正已有的路径，而无需重新从头计算。这一点对于无人机飞行尤为重要，因为无人机在执行任务时，环境的不可预见性要求算法具备高度的适应性和灵活性。

除了A*和D*算法，启发式算法还有基于遗传算法、粒子群优化（PSO）等现代优化算法的路径规划方法。这些方法通常通过模拟自然界的行为，进行路径的迭代优化。例如，在遗传算法中，可以将路径视为染色体，通过选择、交叉和变异等操作对路径进行优化，

以找到成本最低的路径。

在利用启发式搜索算法进行无人机全局路径规划时，还需要考虑算法的实际执行效率和资源消耗。由于无人机的运算资源有限，算法必须在保证效率和实时性的同时，最小化计算开销。此外，安全性也是无人机路径规划中不可忽视的因素，算法不仅要确保路径的可行性，还要考虑到风险管理，如规避潜在的碰撞等危险。

最终，启发式搜索算法的成功应用依赖于对算法参数的精细调校以及对环境模型的准确构建。只有将理论与实际应用相结合，才能发挥启发式搜索算法在无人机全局路径规划中的最大效能，确保无人机在复杂多变的环境中安全高效地完成任务。

六、路径优化准则与性能评估

在路径优化的研究中，主要考虑的是如何在确保飞行安全的前提下，选择一条既符合任务需求又符合性能指标的最佳飞行轨迹。

路径优化的准则主要包括路径长度最短、飞行时间最短、能耗最低、风险最小等因素。这些因素在不同的任务和环境条件下，其优先级和重要性可能会有所不同。例如，在紧急救援任务中，飞行时间可能是首要考虑的因素；而在日常巡检任务中，可能更加重视能耗和飞行成本的优化。

为了实现这些优化目标，研究者通常会采用多种优化算法，如遗传算法、粒子群优化、蚁群算法等，通过模拟自然界的优化机制来寻找最优解。此外，随着人工智能技术的发展，机器学习方法也被越来越多地应用于路径优化中，通过训练无人机控制系统识别并应对复杂环境，自动生成优化后的路径。

性能评估则是对优化后路径的一个有效性验证过程，主要是检查路径是否符合设计的准则，以及飞行的稳定性和安全性等。性能评估不仅包括静态的路径可行性分析，也包括动态的飞行模拟。在动态评估过程中，模拟不同的飞行条件，如不同的风速和风向，不同的地形以及突发事件等，评估无人机的响应性和调整能力。

影响性能评估结果的还有无人机自身的设计参数，如载重能力、电池续航时间、机动性能等，这些都需要在评估时予以考虑。此外，性能评估还应考虑到实际操作中可能出现的各种干扰，如电磁干扰、GPS失效等，这些都可能影响无人机的飞行性能。

在实际应用中，路径优化和性能评估是一个持续迭代和反馈的过程。优化算法可能需要根据性能评估的结果进行调整和优化，以达到更好的飞行性能和安全性。同时，随着技术的不断进步和飞行环境的变化，优化准则和评估方法本身也可能需要更新，以适应新的挑战和要求。

无人机在执行复杂环境任务时的路径选择和行为控制方面还涉及飞行策略的适应性学习，这要求无人机能够根据环境反馈调整其飞行计划和行为，以更好地应对环境的变化和不确定性。这一点，特别是在多无人机协同作业时显得尤为重要，不同的无人机需要通过协同优化来共同完成任务，同时还要避免相互干扰和碰撞。

在未来的发展中，无人机的路径优化准则和性能评估方法将更加智能化和自动化，结合更高级的传感器、更强大的计算能力及更精细的控制算法，实现更高效、安全的飞行任务执行。在此过程中，对无人机的控制算法、检测技术的研究以及机器学习方法的应用将起到至关重要的作用。这对未来无人机技术的发展，尤其是在越来越复杂的应用环境中，将提供强有力的支持。

七、案例研究与算法实现步骤

无人机全局路径规划是指在飞行任务开始前，基于已知环境信息，规划一条从起点到终点，尽可能避免障碍且满足飞行性能限制的最优路径。在复杂环境中进行全局路径规划，需要考虑到地形、气候、障碍物、无人机本身的性能限制（如最大速度、爬升能力等）以及飞行任务的特定需求（如最短时间、最低能耗等）。

全局路径规划算法主要分为基于图的搜索方法、采样方法和优化方法等。基于图的搜索方法，如A*搜索、Dijkstra算法等，是通过预先构建环境图，然后在图中搜索从起点到终点的最短路径。这种方法的优点是可以保证找到最优解，但其计算复杂度高，对于动态变化的环境适应性较差。

采样方法如快速随机树（RRT）或概率路线图（PRM），则是通过随机采样点及其连接来探索解空间。这类方法不要求完整的环境信息，灵活性更高，非常适用于动态或未知环境。但采样方法通常不能保证找到全局最优解，而是趋近于最优解。

优化方法包括遗传算法、粒子群优化等。这些方法通过模拟生物进化或群体行动的策略，搜索最优路径。优化方法可以处理复杂的目标函数和约束，灵活度高，但可能需要较多的计算时间，并且结果也可能是局部最优。

在案例研究中，可以展示一种综合使用这些算法的多层次路径规划策略。例如，可以使用A*算法快速规划出一条粗略路径，然后使用RRT算法在此基础上进行细化，最后应用粒子群优化对路径进行调优，以满足特定的飞行性能要求。

算法实现步骤通常包括以下几个阶段：首先是定义环境模型和任务需求，包括无人机的性能参数以及飞行区域的障碍分布等；其次是初始化算法参数，如搜索范围、迭代次数等；最后是执行算法主体，进行路径搜索和优化。最后是对生成的路径进行检验，验证其是否可行和高效。

实现这些算法时，还须考虑计算资源和实时性的需求。例如，在对无人机的实时飞行控制中，路径规划算法需要快速响应环境的变化，因此可能需要运行在较为强大的计算平台上，或者优化算法以减少计算量。

通过在不同的应用环境和任务需求下测试这些算法，可以不断优化算法的性能，提高无人机在复杂环境下的作业效果。此外，随着技术的进步和研究的深入，新的路径规划方法和策略将会不断出现，进一步推动无人机在复杂环境下的应用前景。

第二节 基于改进遗传算法的实时局部路径规划

一、遗传算法基础原理

遗传算法是一种模拟自然选择和遗传学机制的搜索算法，属于进化算法的一种。它是由美国的John Holland教授于1975年首次提出，并通过他的学生和其他科学家的研究不断发展完善。遗传算法通过模拟自然界的生物进化过程，使用选择、交叉和变异等操作在解空间中搜索最优解，特别适合处理复杂的优化问题。

遗传算法的基本原理包括了种群初始化、适应度函数评价、选择操作、交叉操作和变异操作这几个核心组成部分。在算法开始时，首先需要生成一个初始种群，这个种群由一定数量的个体组成，每个个体（也称为染色体）是问题潜在解的一个表达形式。通常这些个体用一串二进制数字或其他编码形式来表示。

适应度函数是评估每个个体适应环境能力的标准，是遗传算法中非常关键的部分。每个个体的适应度根据其代表的解的质量来评定，适应度越高表示个体越适合当前环境，解的质量也越来越接近最优解。适应度评估是遗传算法中至关重要的环节，它直接关系到算法的优化效果和效率。

选择操作是遗传算法中用于决定哪些个体能继续生存下去，并进行下一代的繁殖。一般来说，适应度高的个体被选中的机会更大，这类似于自然界中"适者生存"的原则。常见的选择方法包括赌轮选择法、锦标赛选择法等。

交叉操作是模拟生物遗传中的染色体交换过程。在遗传算法中，通过交叉操作可以产生新的个体，这些新个体可能会继承其父代中的优秀特性。交叉操作通常是在选定的两个个体之间进行，通过交换这些个体的部分基因来创建新的后代。

变异操作则是在某个个体的某些基因上随机进行变化，此操作可引入解空间中未被探索的新区域。变异是引入新遗传信息的重要方式，增加种群的多样性，防止算法过早收敛于局部最优解。

在遗传算法运算过程中，通过反复执行选择、交叉和变异操作，种群中的个体将不断进化，适应度也将不断提高。每一代种群中的最优个体通常会被保留下来，直到满足终止条件，如达到最大迭代次数或适应度超过预设的阈值。

遗传算法因其设计简洁、通用性强、鲁棒性好而在众多领域中被广泛应用，特别是在工程、经济管理、人工智能、机器学习等领域，可以有效地解决优化设计、调度问题、神经网络训练等复杂问题。

在实际应用中，遗传算法的性能受多种因素影响，包括种群大小、交叉和变异率的设定、适应度函数的设计等，因此在使用遗传算法之前需要对这些参数进行仔细的研究和调整，以达到最好的优化效果。同时，对于特定问题的特定需求，传统遗传算法可能还需要进一步的改进和优化，以提高算法的效率和解的质量。

二、改进策略与算法设计

在无人机的实用运用中，特别是在复杂环境下，实时局部路径规划尤为关键，因为它直接关系到无人机任务的成功与否以及飞行的安全性。遗传算法作为一种经典的优化技术，因其在全局搜索和并行处理方面的优势而被广泛使用。然而，传统遗传算法在处理实时路径规划问题时存在一些局限性，如收敛速度慢、容易陷入局部最优等问题。因此，本节重点讨论基于改进遗传算法的实时局部路径规划策略与算法设计。

改进遗传算法的目标是通过特定的策略来加快遗传算法的收敛速度并提高解的质量。在无人机实时路径规划的应用中，这种改进首先体现在初始化种群的生成方法上。传统遗传算法随机生成初始种群，而改进算法通过引入无人机当前环境信息，如障碍物位置、目标位置等，采用基于规则的方法生成初始种群，这可以大大提高种群的质量，并减少无效路径的生成。其次，选择机制的改进也是提升算法性能的关键。在传统遗传算法中，通常采用轮盘赌选择法进行个体的选择，这种方法虽简单但容易导致优良个体过早丧失多样性。因此，改进算法采用基于排名的选择方法，不直接基于个体适应度选择，而是根据所有个体的适应度进行排序，然后根据排序结果进行概率分配和选择，这样可以有效保留优秀个体同时维持种群多样性。

交叉与变异操作也是改进遗传算法中的重要环节。针对实时路径规划的特性，可以设计更为合理的交叉与变异策略。例如，交叉操作可以设计为基于路径的重要转折点进行分割，从而确保子代种群能继承父代更优路径的特征。变异操作则可以引入环境感知能力，当无人机检测到新的障碍物时，可以局部地对路径进行必要的调整，使其适应环境变化。

在算法的执行效率方面，针对实时性的要求，改进算法中还需要引入并行处理机制。利用现代计算机的多核处理优势，可以将遗传算法中的种群分布到不同的处理核上，实现并行评估、并行选择、并行交叉和并行变异，极大提升了算法的处理速度，满足无人机在复杂环境中对实时路径规划的需求。

此外，为了确保改进遗传算法的鲁棒性，还需要引入适应性机制。这意味着算法能够根据无人机任务执行的实际情况动态调整控制参数，如交叉率、变异率等，从而更好地适应环境的动态变化，提高路径规划的质量和效率。

通过上述多方面的策略与算法设计的改进，无人机在复杂环境中的实时局部路径规划将变得更加高效和可靠。这些改进不仅提升了遗传算法的性能，还使其更适合于解决实际复杂问题。这将极大提高无人机执行复杂任务时的自主性和安全性，展现出广阔的应用前景。

三、仿真环境与局部路径生成

构建一个仿真环境的首要任务是对现实世界中的复杂环境进行准确模拟。这包括但不限于地形的起伏、障碍物的位置布局以及环境条件的动态变化。实时局部路径规划要求仿真环境能够实时更新这些参数，以模拟无人机执行任务过程中可能遇到的各种情况。通过使用高级图形渲染技术和物理引擎，可以创建一个与现实世界相似度极高的仿真平台，使无人机的测试和算法调试更加符合实际应用的需求。

在局部路径生成方面，改进的遗传算法在此发挥着至关重要的作用。遗传算法是一种模拟自然选择和遗传学机制的搜索算法，它通过选择、遗传和变异等操作对解决方案进行优化。对于无人机的路径规划而言，基于改进遗传算法的路径生成方法需要设计一个能够有效评估路径优劣的适应度函数。这里的主要因素包括路径的长度、飞行时间、能耗以及避障效能等。适应度函数的设计直接影响到算法优化的效率和路径规划的质量。

仿真环境中的局部路径生成还需要考虑无人机的动态性能，包括加速度、转向能力和最大速度等。这些动态参数对于计算机生成实时可行路径至关重要。仿真环境应能够准确模拟这些动态性能，以确保生成的路径不仅在理论上是可行的，而且在真实操作中也能被无人机准确执行。

为了提高路径规划的实时性，并确保无人机能在突发情况下迅速反应，改进的遗传算法还应包括快速的收敛机制。这可以通过优化算法的编码方式、调整遗传操作的参数以及引入高效的局部搜索策略来实现。例如，使用多种编码方案对比测试其在特定类型障碍环境中的表现，选择最适合当前环境的编码方案。

此外，随着技术的进步和算法的发展，机器学习技术，尤其是深度学习，已经开始在无人机的路径规划中展示出其强大的潜力。通过训练深度神经网络来预测障碍物动态变化的趋势，综合考量无人机的快速适应性，可以进一步提高路径规划的智能化和适应性。实时更新的仿真环境与机器学习模型结合，能够更准确地预测环境中的变化，为无人机提供实时且优化的飞行路径选择。

结合以上提到的各方面，我们可以看到，仿真环境与局部路径生成在无人机的局部路径规划中占有不可或缺的地位。通过精确的仿真模拟与高效的遗传算法改进，可以有效提高无人机应对复杂环境的能力，从而确保任务的成功执行。这不仅为研发人员提供了一个强大的工具来测试和优化无人机的控制算法，还推动了近年来无人机技术的快速发展和应用扩展。

四、适应性评价与选择机制

在多模态无人机的实时局部路径规划中，一个核心的挑战是如何高效地筛选并优化路径选择以应对复杂环境中的动态变化。改进遗传算法在这一领域展现出了良好的应用前景，特别是在适应性评价与选择机制方面。这一机制对于提高无人机在复杂环境下的规划效率和响应速度具有重要意义。

遗传算法是一种模拟自然选择和遗传机制的搜索算法，它通过选择、交叉和变异等操作来迭代进化求解问题。在无人机路径规划的应用中，适应性评价与选择机制是确保算法能够找到最优或近似最优解的关键步骤。适应性评价是对算法中的个体（在此案例中即为可能的飞行路径）进行评分，以确定其适应环境的能力。选择机制则是基于评价结果，从种群中选出优秀个体进行下一代的繁衍。

适应性评价的核心在于如何定义和计算每个路径的适应值。一般来说，这个值需要综合考虑多个因素，例如路径的安全性、飞行时间、能耗以及对环境变化的适应性。安全性可以通过路径上的障碍物密集度、飞行高度与障碍物的垂直距离等参数来评估；飞行时间和能耗则更多地依赖于路径的长度和飞行速度；对环境变化的适应性需评估无人机对突发事件的响应能力和路径的可调整性。

选择机制的主要任务是保留高适应值的个体，并允许它们通过交叉和变异产生新的个体，这一过程有助于算法逃离局部最优，探索更广阔的搜索空间。通常采用的方法包括轮盘赌选择、锦标赛选择等，其中轮盘赌选择会根据个体的适应值占比来分配繁衍的概率，而锦标赛选择则是随机选择若干个体中的最优者。

在无人机的实时路径规划中，改进遗传算法通过适应性评价和选择机制不断优化搜索过程，能够有效地应对环境的动态变化。例如，当无人机飞行途中遭遇突发气象变化或临时设立的禁飞区，算法能够迅速调整路径规划，选择新的最优路径以避开障碍，确保任务的顺利完成。

此外，适应性评价还可以结合机器学习方法来进一步提高其准确性和效率。例如，可以通过训练神经网络来预测各种环境条件下的路径适应值，然后将这一预测结果用于遗传算法的适应性评价中。这种方法可以大大减少需要实际评估的路径数量，从而提高算法的运行速度。

五、案例研究与结果分析

遗传算法是一种模拟自然选择和遗传学机制的搜索和优化算法，它通过选择、交叉、突变等操作实现最优解的搜索。然而，传统的遗传算法在处理实时和动态变化的路径规划问题时，往往存在收敛速度慢和易陷入局部最优的问题。因此，本研究中提出了一种改进的遗传算法，以提高算法在实时路径规划中的效率和适应性。

本案例研究选取了一个典型的丛林地形，其中包括不同高度的树木、不规则的地形起伏以及突出的岩石等障碍物。无人机的任务是从起点飞往指定的终点，同时需要避开这些障碍物。在这种复杂环境下，实时路径规划变得尤为关键和挑战性。

实验首先设定了无人机初始位置及目标位置，并根据环境数据建立了详细的三维模型。在此基础上，应用改进的遗传算法进行路径规划。算法初始化时生成了一组随机路径作为初始种群，随后通过定义的适应度函数评估每条路径的优劣。适应度函数主要考虑路径的长度、障碍物避让效率以及路径的可行性等因素。

在迭代过程中，通过轮盘赌选择机制选择优质个体，通过交叉和突变操作生成新的路径种群，并再次使用适应度函数进行评估。改进算法特别在选择和突变操作中加入了多样性保持机制和自适应调整策略，有效避免了算法过早收敛和局部最优问题。此外，算法还实现了对动态变化的环境的快速响应，如障碍物突然出现情况下的路径重新规划。

实验结果表明，改进的遗传算法在确保路径安全的同时，大大减少了路径长度并缩短了计算时间。在对比实验中，使用传统遗传算法和其他几种典型路径规划算法，如A*算法、Dijkstra算法等进行了比较。数据分析显示，改进的遗传算法在路径长度、计算效率以及适应动态环境变化等方面均表现出更佳的性能。

通过这一系列的实验与分析，不仅验证了改进遗传算法在复杂环境下实时局部路径规划的有效性，同时也展示了该算法在无人机运动规划领域的实用性和广泛的应用前景。此外，结果还为未来相关技术的发展提供了宝贵的数据支持和理论依据，为无人机在更为复杂多变的环境中的应用打下了坚实的基础。

第三节　基于模型预测控制的轨迹跟踪控制器设计

一、理解模型预测控制的基本原理

模型预测控制（Model Predictive Control, MPC）是一种先进的过程控制策略，广泛用于工业和研究领域，特别适合于处理多变量、多约束的控制问题。无人机在复杂环境中的运动规划和跟踪控制就是这样一种情况，MPC由于其优异的性能和灵活的设计，被认为是解决上述问题的有效工具。

MPC的核心是在每个控制时间步长，基于当前状态预测未来输出，并解决一个在线优化问题，来计算控制输入。这使得MPC能够在控制系统的执行过程中，不断地调整控制策略，以适应外部环境和系统动态的变化。

在进行MPC的设计时，需要考虑到无人机系统的动态模型，这通常包括飞行动态、运动学约束等。动态模型的准确性对MPC的性能至关重要，因为所有预测和计算都是基于这个模型进行的。MPC使用这个模型来预测未来的状态，包括位置、速度、姿态等关键参数。

MPC的一个重要特点是其能够处理约束条件。在无人机控制中，这些约束可能包括飞行高度限制、飞行区域限制、速度和加速度的限制等。模型预测控制可以确保在整个控制过程中，这些约束始终得到满足。它通过在优化过程中嵌入这些约束，确保每一步计算的控制输入不会违反它们。

设计一个基于MPC的轨迹跟踪控制器，通常包括设置一个性能指标或成本函数，这是控制器优化过程的基础。成本函数通常包括误差项和控制输入的能量消耗。通过最小化这个成本函数，MPC不仅尽可能减小轨迹跟踪误差，同时也考虑到能效和系统的健康状态。

求解MPC优化问题涉及数值算法，这些算法必须能够快速而准确地在每个控制周期内找到最优解。对于无人机等高速、高动态系统而言，控制算法的实时性尤其重要。因此，开发适当的数值解法以减少计算时间，并加快控制器响应速度，是MPC设计中的一个关键考虑。

MPC的另一个重要方面是其预测能力。通过对未来状态的预测，控制器可以预见性地做出决策，从而更有效地应对可能的干扰和突发事件。例如，如果预测到未来某路径上将有障碍，MPC能够提前调整无人机的飞行路径，以规避潜在的碰撞。

由于MPC的这些优势，它被认为是无人机在复杂环境中进行运动规划与跟踪控制的一个非常有效的工具。它不仅能提高控制精准度，还能增强系统的安全性和可靠性。然而，MPC也面临着一些挑战，比如模型精度的提升、计算负载的管理及实时性问题的解决，这些都是当前和未来研究的重要方向。

在不断发展的无人机技术领域里，MPC作为一种先进的控制策略，其研究与应用将持续提供关于动态复杂系统优化控制的重要见解和解决方案。通过不断的技术创新和算法优化，模型预测控制将更好地服务于无人机以及更广泛领域中的复杂系统控制需求。

二、无人机动力学模型的建立

在研究无人机动力学模型的建立时，首先需要理解无人机作为一个动力学系统，其运动受到众多物理因素的影响，比如重力、空气阻力、推力以及外部环境等。模型的建立通常以牛顿力学为基础，通过分析无人机各部分的受力情况及其相互作用，从而导出描述其运动状态的数学方程。这些方程不仅包括线性运动的描述，还包括角动量、扭矩等描述旋转运动的方程。

无人机的动力学模型通常分为刚体动力学模型和灵活体动力学模型。在刚体动力学模型中，无人机被假设为质量分布均匀的刚体，这种模型简化了计算过程，适用于大多数工程应用场景。建立此类模型时，将主要关注无人机的三个主要旋转轴（滚转、俯仰和偏航）以及沿这些轴的转动惯量。这些参数对于预测和控制无人机的姿态变化至关重要。

动力学模型的准确性直接影响到后续控制算法的设计与实现效果，因此在模型建立阶段，需要通过实验或仿真精确测量和调整各项参数。例如，无人机的质量、重心位置、转动惯量等都需要通过实验数据来校正。这些物理参数的精确测定是确保模型反应真实世界物理行为的关键。

另一方面，对于更加复杂的应用场景，如变形或多关节无人机系统，可能需要考虑灵活体动力学模型。这种模型考虑到组成无人机的各部件之间的相对运动，能够更加精确地描述复杂的动态行为。在这些模型中，除了考虑传统的刚体动态外，还需引入弹性动力学、耦合动力学等高级理论来描述各部件间的交互作用及其对整体运动状态的影响。

理论建模之后，通常会通过计算机仿真来验证和优化模型。这一阶段，研究者通过设置不同的飞行条件和环境因素，检验模型对无人机运动的预测是否准确，并根据仿真结果对模型进行调整和改进。仿真工具如MATLAB / Simulink等，提供了强大的环境以支持复杂的动力学计算和可视化。

在动力学模型建立后，接下来的步骤是将其结合到控制系统设计中。在基于模型预测控制的框架下，这些动力学模型提供必要的信息以预测无人机在给定控制输入下的未来运动状态。控制器设计者将利用这些预测来制定相应的控制策略，以确保无人机能够精确地跟踪预设轨迹，同时满足稳定性和响应速度的要求。

三、轨迹跟踪需求分析

在进行无人机的轨迹跟踪控制器设计时，轨迹跟踪需求分析是一个关键步骤，它涉及对无人机系统性能的深入理解及其在复杂环境下的作业要求。这一部分需求分析不仅需要考虑无人机的飞行动态和环境因素，还要兼顾实际应用中的具体任务需求。

轨迹跟踪需求首先涉及对无人机系统本身性能的认知。无人机作为一种多变量、强耦合、非线性动态系统，其飞行状态的预测和控制均较为复杂。无人机系统的建模需要详尽描述其动态特性，包括但不限于飞行速度、加速度、姿态角、以及对于外界干扰的响应等。这些基本性能参数直接影响到轨迹跟踪控制策略的设计与实施。

同时，轨迹跟踪需求分析还必须考虑无人机操作的环境条件。不同的环境条件，如城市密集区、山区、海面以及其他特殊地貌，对无人机的飞行操作提出了不同的挑战。例如，在城市环境下需要考虑高楼和无线电干扰，而在山区则可能需要处理复杂的气流和较低的GPS信号质量等问题。此外，环境中的不可预测性，如突发的气候变化和其他飞行器的不定因素也需要纳入考量。

除了硬件性能和环境因素外，无人机执行的具体任务类型也是轨迹跟踪需求分析中的重要组成部分。不同的任务，如侦察监视、物资运输、救援支援等，对轨迹的精确性和控制策略有着不同的要求。例如，物资运输可能更注重路径的最优化和载荷安全，而搜索与救援则可能更强调快速响应和动态调整能力。

基于以上分析，轨迹跟踪控制器的设计需要综合考虑多种因素，并针对具体的应用场景和任务需求，选择适当的控制方法和技术。模型预测控制（Model Predictive Control, MPC）作为一种高效的控制算法，在无人机轨迹跟踪中尤显重要。MPC通过构建一个模型来预测未来的系统状态，利用优化算法实时计算控制输入，以最小化偏离预定轨迹的误差。

在轨迹跟踪控制器的设计过程中，运用MPC不仅可以处理多种约束和多目标优化问题，还能够实现对复杂环境和动态障碍的适应性控制。通过对历史数据和实时反馈的综合利用，MPC能够提高无人机在执行任务时的安全性与效率。

无人机系统设计者和操作者需要深入了解和分析各种环境与任务条件下的具体控制需求，并将这些需求具体化、量化为轨迹控制策略的设计参数和性能指标。这种综合分析与应用对策的方法能够确保无人机系统在不同环境和任务下均能表现出高度的可靠性与适应性。

四、模型预测控制器设计

在讨论基于模型预测控制的轨迹跟踪控制器设计时，关键在于理解模型预测控制器的设计原理与应用机制。模型预测控制是一种先进的过程控制方法，它利用预测模型来预测未来的系统行为，并通过优化算法在线实时计算控制输入，以达到对系统的最优控制。此方法特别适用于处理多变量、多约束的控制问题，因此在无人机的运动规划与跟踪控制中得到了广泛的应用。

在无人机的轨迹跟踪控制中，MPC控制器首先需要有一个对无人机动态行为的精确数学模型。这个模型通常包括无人机的运动学和动力学方程，能够描述无人机在三维空间中的位置、速度和加速度等状态信息。有了这个预测模型，控制器就能预测在当前控制输入下无人机未来的状态。

设计MPC控制器的一大挑战是如何处理计算复杂度。MPC需要在每一个控制步骤解决一个优化问题，这就要求算法必须具有快速的计算能力，尤其是对于无人机这样的高动态系统。因此，优化算法的选择成为设计中的关键。常见的方法如序贯二次规划（Sequential Quadratic Programming, SQP）或内点法等，都是用来处理这类优化问题的有效工具。

此外，无人机在复杂环境下的轨迹跟踪还涉及对各种环境约束的处理，如避障、飞行高度限制和禁飞区等。在MPC框架中，这些约束可以直接纳入到优化问题中。控制器在计算控制输入的同时，会考虑这些约束，从而确保无人机的运行不仅跟踪预定轨迹，而且符合飞行安全规范。

对于无人机的轨迹跟踪，实时性是另一项关键要求。由于无人机的飞行环境可能迅速变化，因此控制系统必须能够实时响应外部环境的变化和内部状态的更新。MPC通过在每个采样时刻重新解算优化问题，使得控制策略实时更新，从而能够适应环境的实时变化。

在实际应用中，还需要考虑MPC控制器的实施效果，这包括控制精度、响应速度和稳定性等。通过实验和飞行测试，可以对控制器性能进行验证和调整。数据驱动的方法也可以用来进一步优化控制器的性能，例如通过机器学习方法对控制模型进行参数调整和优化。

设计和实施一个基于模型预测控制的轨迹跟踪控制器，不仅要求理论上的深入，还需要丰富的实践经验和强大的技术支持。通过不断地优化和调整，可以最终实现一个既高效又稳定的无人机轨迹跟踪控制系统。

整体而言，基于模型预测控制的轨迹跟踪控制器设计是一个复杂但极具挑战性的技术领域，涉及控制理论、优化算法、机器学习以及实时系统处理等多个学科的知识。随着无人机技术的发展和应用领域的不断扩大，这一领域的研究和应用将会持续受到广泛关注。

五、约束条件与目标函数的定义

约束条件通常分为几个类别：物理约束、操作约束和安全约束。物理约束涉及无人机自身的性能限制，如最大速度、最大加速度和倾斜角等；操作约束关乎无人机的操作界限，例如禁飞区或飞行高度限制，这些往往受到法规的影响；安全约束则旨在防范与其他航空器的冲突以及避开障碍物，确保无人机在复杂环境中的安全距离。

在定义目标函数时，我们的主要目的是尽可能地减小无人机实际飞行轨迹与期望轨迹之间的偏差。这不仅需要考虑位置偏差，速度和加速度的匹配也非常关键，因为这影响到无人机的平稳飞行及响应能力。此外，能耗优化也是目标函数中常见的一个考量，尤其是在长时间任务或远程操作中，有效的能耗管理可以显著提高无人机的续航能力。

在具体实施模型预测控制时，系统会在每一个决策周期内解决一个优化问题，该问题包括了目标函数和相关约束。通过预测未来几个时间步的状态，控制器尝试找出一套控制输入序列，使得这一预测轨迹尽可能符合目标轨迹，同时满足所有的约束条件。

对于目标函数的具体形式，通常采用权重矩阵来平衡各项指标的重要性，例如位置跟踪的准确性与控制动作的平滑性可能就需要通过调整权重系数来进行平衡。权重的设置依赖于具体的任务需求和无人机的操作特性，因而在不同的应用场景下可能会有很大的不同。

针对约束条件的处理方法，在MPC框架中尤为关键。由于无人机操作的高度动态性和外界环境的复杂性，实时调整和适应环境变化成为了一项挑战。例如，在遇到突发的风速变化或未在预定计划中的障碍物时，系统应能迅速重新计算轨迹，调整控制指令以避开潜在的危险。

在设计这一控制系统时，除标准的测试外，还需通过各种模拟场景进行验证和调优。这包括各种气候条件、不同类型的物理和操作约束条件下的飞行表现测试。通过这些测试，可以不断地调整和优化控制参数，提升系统的健壮性和可靠性。

此外，随着技术的发展和更多复杂任务的出现，适应和融入新型算法或学习机制也渐成趋势。例如，将深度学习方法与传统的MPC结合，可以进一步提升控制系统对未知环境的适应能力和决策的智能水平。通过不断的学习与优化，无人机不仅能在已知环境中表现出色，也能更好地应对新的和变化的环境，满足未来更广泛的应用需求。

六、仿真测试与结果分析

在无人机技术的研究与开发中，轨迹跟踪控制器的设计是保证其精准操作和任务完成的关键因素之一。基于模型预测控制的轨迹跟踪控制器，以其优良的动态性能和对不确定性和外部扰动的较强鲁棒性，成为了复杂环境应用中的研究热点。仿真测试与结果分析是验证所设计控制器性能的重要步骤，通过详细的仿真实验可以全面评估控制策略的实用性与有效性。

模型预测控制是一种基于模型的控制算法，其基本思想是利用系统的当前状态，通过求解一个有限时间范围内的最优控制问题，来预测未来系统行为，并在此基础上计算控制输入。在每个控制步骤中，仅实施优化控制序列的第一个控制输入，之后模型将重新基于新的系统状态进行预测和优化。这种滚动优化机制使得MPC特别适合处理多变的操作环境和动态目标跟踪问题。

在无人机轨迹跟踪的应用中，控制器需根据预定的轨迹生成相应的控制信号，以驱动无人机精确跟踪该轨迹。仿真测试的设计通常包括多种类型的轨迹（如直线、圆形、复杂的曲线等）和不同的飞行环境（如静态环境和有干扰的动态环境）。测试的目的是评估控制器在多种情况下的适应性和效能，包括响应速度、准确性、以及在面对环境扰动时的鲁棒性。

仿真测试阶段，可以通过设置不同的飞行任务和环境参数，记录无人机的实际飞行轨迹与预设轨迹之间的偏差，分析误差产生的原因及其变化趋势。此外，还应考察系统在遇到特定扰动（如风速变化、温度变化等）时的动态响应和稳定性，以及控制算法在计算效率上的表现。

针对仿真的结果，通过对比不同参数设置下的性能表现，可以进一步优化控制器参数，比如调整预测范围、控制增益、以及调节算法中的约束条件等，以达到更好的控制效果。同时，通过长时间的仿真运行，还可以评估控制器在持续操作中的可靠性和耐久性。

分析仿真结果时，图表是展示数据趋势和比较不同策略效果的有效工具。例如，通过时间序列图展示轨迹跟踪误差，或者通过散点图比较不同控制策略在特定飞行任务中的表现差异。此外，统计分析方法如均值、标准差等也被用来量化控制器性能的一致性和可靠性。

单纯的仿真测试虽然能够提供大量关于控制器性能的信息，但实际应用中还需进行实机测实验证。仿真环境往往简化或忽略了一些现实复杂性，如机械部分的磨损、电磁干扰等非理想因素，因此进一步的实地测试是不可或缺的。

总结仿真测试与结果分析作为整个无人机轨迹跟踪控制器设计过程的关键组成部分，不仅可以验证和优化设计的控制算法，还能显著提高在实际应用中的成功率和安全性。通过精细的测试设计、细致的数据分析以及与实际情况的结合考虑，研发团队能够逐步完善无人机的控制系统，提升其在复杂环境中的作业能力和适应性。

七、实际应用中的调整与优化

在基于模型预测控制的轨迹跟踪控制器设计中，实际应用需要考虑多种调整与优化策略，以确保无人机能在复杂环境中高效、稳定地执行任务。模型预测控制作为一种先进的控制策略，其基本原理是利用当前状态来预测未来一段时间内的动态响应，并通过优化这一预测响应来实现对控制目标的追踪。

在实际应用中的调整与优化过程，首要目标是准确建立与实时更新无人机的动态模型。无人机的动态模型是MPC设计的核心，因为所有的预测和控制策略都是基于这个模型进行的。在复杂环境下，无人机可能会面临各种外部扰动，如风速变化、空气密度差异等，这些因素都会影响无人机的飞行性能和状态预测的准确性。因此，动态模型需要能够实时捕捉这些变化，并且在模型中加入必要的适应性调整机制，如在线学习和参数自适应技术，以提高预测的准确性。

控制器的设计也需要优化算法来提高计算效率。MPC是一个基于优化的控制策略，控制器需要在每一个控制步骤解决一个优化问题，这通常涉及大量的计算。在实际应用中，为了满足无人机系统的快速响应需求，优化算法必须足够高效，以确保在有限的计算时间内找到最优解。使用更高效的数值优化技术，例如，梯度方法、牛顿法或者使用特定的简化模型，可以显著提高控制算法的实时性。

此外，控制器的鲁棒性也是实际应用中需要重点考虑的一个方面。由于无人机在执行任务过程中可能会遇到多种不可预见的环境因素，如突发的气流或障碍物，这就要求控制系统不仅能在标准条件下工作，还能在异常情况下保持稳定性和可靠性。为此，可以引入鲁棒控制理论来设计控制器，确保在面对模型不确定性和外部扰动时，仍然能够稳定地跟踪预定轨迹。

调整与优化的一个重要方面是评估和验证控制策略的有效性。在开发阶段，通过仿真和小规模实验可以评估控制策略的性能，但真正的测试是在实际应用中。为此，需要建立一套完整的性能评估体系，包括无人机在各种操作条件下的飞行测试，以及对控制系统响应速度、精度、鲁棒性等关键指标的系统评估。这些评估结果可以反馈到控制器设计和优化过程中，用来不断地调整和优化控制策略。

综合考虑控制器的适应性、效率和鲁棒性，实现在实际应用中对无人机轨迹跟踪控制器的有效调整与优化，是确保无人机系统在复杂动态环境中稳定运行的关键。通过不断地实验、评估和调整，可以有效推动无人机控制技术的进步和应用的广泛性。

第八章

无人机规划与控制的实际应用与挑战

第一节 无人机运动规划算法的发展与应用

一、无人机运动规划算法的基本原理与技术框架

无人机运动规划算法是无人机技术研究中的一个关键领域，它涉及如何使无人机在复杂环境中安全、高效地执行飞行任务。这一过程需要借助先进的算法来模拟和优化无人机的行为和路径决策。运动规划算法的基本原理与技术框架为无人机实现自主导航提供了方法论和技术支持，从基本的路径规划到复杂环境下的动态避障，无人机运动规划算法不断进化以应对各种挑战。

在无人机运动规划算法的发展过程中，基本原理主要涉及状态空间的定义，成本函数的建立，以及路径的优化。无人机的状态空间包括但不限于其位置、速度和朝向等因素。为了实现有效路径的规划，算法需要考虑无人机当前的状态和环境中存在的障碍物，通过定义成本函数来评估各种可能路径的优劣。

成本函数通常包含多个因素，包括路径的长度、所需时间、能源消耗以及路径的安全性等。规划算法通过最小化成本函数，寻找最优或者次优路径。在技术框架方面，无人机运动规划技术可以分为静态规划和动态规划两大类。静态规划指的是在已知固定环境中进行路径规划，而动态规划则需要实时处理环境中的动态变化，如移动的障碍物。

静态规划算法中，常用的技术包括A*算法、Dijkstra算法等，这些算法在给定的地图数据中，通过节点扩展和路径评估，寻找从起点到终点的最短路径。而在动态规划中，快速随机树（Rapidly-exploring Random Tree，RRT）和其变体RRT*算法被广泛应用，这类算

法利用随机树拓展空间，能够有效处理动态环境下的路径规划问题。

此外，随着计算力的提升和算法的发展，一些基于学习的方法也开始被引入无人机运动规划中。例如，基于深度学习的强化学习算法能够通过与环境的交互学习到更复杂的规避策略。这类算法不仅能够处理静态和动态规划问题，还能适应那些高度复杂和实时变化的环境条件。

无人机运动规划算法面临的技术挑战包括算法的实时性、鲁棒性以及在复杂环境下的通用性。实时性是指算法需要在极短的时间内完成计算，确保无人机能够快速响应环境变化；鲁棒性则关系到算法对于传感器误差、数据丢失和突发情况的处理能力；而通用性则是指算法能够适应各种不同的任务需求和环境条件。

随着技术的不断进步，未来无人机运动规划算法可能会更加依赖于人工智能技术，尤其是机器学习和神经网络等领域的发展。这将使无人机能够更加智能地处理更复杂的任务和环境挑战，也能够更有效地和人类及其他机器协同作业。

二、经典运动规划算法及其适用场景

在无人机运动规划领域，经典算法扮演了至关重要的角色，不仅为无人机的自主飞行提供了理论基础，还确保了实际操作中的安全性和效率。这些算法主要涵盖了如何在各种环境下，为无人机制定从起点到终点的最优或可行路径。此段内容详细解读了几种主流的运动规划算法及其在不同场景下的应用。

A*搜索算法是一种广泛使用的路径查找和图遍历算法，这种算法有效地计算出从一个节点到另一个节点的最短路径。它通过为每一个节点设定成本估计值（$f = g + h$），其中g是从起点到当前节点的实际成本，h是当前节点到终点的估计成本，这种估算方法可以帮助无人机在复杂环境中迅速找到合适的路径。适用于环境已知，且环境变化不大的条件下，是城市空域和稳定地形的理想选择。

Dijkstra算法作为另一种著名的图搜索算法，特别适合用于处理带权图，以找到最短路径问题的解决方案。该算法以边的实际权重作为计算依据，适合在路网密集或多障碍环境下进行路径规划，如城镇街道或工业区。但在实时性要求极高的应用场景中，计算复杂度较高可能是个缺点。

RRT（Rapidly-exploring Random Tree）算法是一种高效的随机搜索算法，适合处理高维空间和复杂约束条件下的路径规划问题。它通过随机生成节点并将其连接到已存在的树上，快速探索未知的空间区域。由于其非确定性特点，RRT在需要快速反应的场景，如灾区救援和复杂地形探测中表现出色。

人工势场法则以物理学中的势场概念为基础，通过类比无人机和目标之间的吸引力以及无人机与障碍物之间的斥力，为无人机生成避障运动路径。这种方法简单高效，尤其适用于实时动态环境中的避障和追踪任务，例如在密集群体中进行飞行表演或进行动态目标跟踪。

在运动规划实际运用中，通常需要针对具体的应用环境和任务需求，选择适宜的规划算法或将多种算法进行组合以优化效果。算法的选择不仅影响规划的效率，更关乎无人机系统的稳定性和安全性。技术的不断进步也促使这些经典算法不断地被改进或与新兴技术如机器学习方法结合，以应对日益复杂的应用场景。

无论是在农业植保、城市监控、灾害响应还是在娱乐行业，经典运动规划算法都有着不可替代的作用。它们的有效整合与应用，能够极大提高无人机操作的自主性和智能化水平，推动无人机技术的广泛应用与发展。未来，随着算法研究的深入与无人机技术的进步，更多高效、智能的算法将会被开发出来，以满足更多未知挑战的需要。这不仅是技术发展的需求，也是对安全、高效空中服务的期待。

三、先进运动规划技术的研究进展

无人机运动规划作为无人机技术的重要组成部分，其算法的设计与优化直接关系到无人机系统性能和应用范围的扩展。随着技术的进步，先进运动规划技术的研究持续获得了显著的进展，这些进展主要集中在提高算法的实时性、精确性和适用性等方面。

在运动规划技术的发展历程中，基于图的规划算法如A*和Dijkstra算法曾长期占据主导地位，这类算法通过构建环境地图的离散图模型，寻找从起点到终点的最低成本路径。但这些方法在处理高维数据和动态环境时往往表现出计算复杂性高和适应性差的特点。

针对这一挑战，采样基算法如快速随机树和其变种比如RRT*的出现，为解决复杂环境中的路径规划问题提供了新的解决方案。RRT通过随机采样的方式生成搜索树，有效地探索未知的环境空间，尤其适用于多维空间和有障碍的环境。RRT*则进一步通过优化路径来提高路径的质量。

进入21世纪后，机器学习的快速发展为运动规划领域带来了新的革新。通过深度学习技术，研究人员开始尝试利用神经网络直接学习从感知到运动的映射关系，从而在没有明确环境模型的情况下进行路径规划。这种基于学习的规划方法能够有效处理动态变化的环境，并通过经验对复杂情况做出快速响应。

此外，多智能体协同控制也是当前研究的热点之一，尤其是在无人机群体协同作业中。研究者们试图通过分散决策和集中控制的结合，设计出既能保证每个无人机自主性的同时也能实现群体间有效的协作与避障的运动规划算法。例如，基于博弈论和优化理论的方法在多无人机系统中展示了良好的实用性。

为了满足不同任务的需求，适应性运动规划方法逐渐受到注意。这类方法不仅关注如何在静态环境中计算最优路径，更强调在环境条件或任务需求发生变化时，如何迅速适应和调整规划策略。通过在线学习和模型预测控制（MPC），无人机能够实时更新其运动策略，以应对复杂多变的任务环境。

在实际运用中，无人机运动规划技术的进一步研究不应忽视实际操作中的安全性问题。如何在确保运动计划的最优或近优的同时，增强路径规划的鲁棒性和安全性，以防止在复杂或极端环境中的潜在风险，成为一个必须面对的课题。因此，增强安全保障措施，如通过多传感器融合提高感知精度，或是引入更多冗余设计以预防系统故障，是未来研究的重要方向。

四、案例分析：成功应用无人机运动规划算法的实例

无人机运动规划算法的成功应用案例在诸多领域中已逐渐展现其重要价值。这些案例不仅展示了无人机技术的先进性，还彰显了现代科技应用的广泛性和实用性。无人机运动规划算法主要涉及如何让无人机在执行任务过程中，能够自主导航并优化飞行路径，以达到任务要求的同时，确保飞行安全和效率。

在农业领域，运动规划算法使无人机能够精确地执行农药喷洒和监测作业。通过详细的地图和预设的飞行路径规划，无人机可以覆盖大面积的农田，精确地喷洒农药，不仅提高了喷洒的均匀性，还显著减少了化学品的使用量和人力成本。此外，无人机搭载的高清摄像头和传感器可以实时监测作物的生长状况和土壤湿度，从而实现精准农业管理。

在应急救援领域，无人机的运动规划算法对于灾害响应尤为关键。例如，在地震或洪水发生后，无人机迅速部署至灾区进行空中侦察，它们通过预设的航线迅速覆盖灾区，实时传回影像资料，帮助救援团队评估灾情，确定救援优先级和路径规划。这种应用不仅提高了救援效率，还保证了救援人员的安全。

在城市管理中，无人机的运动规划算法也显示了其独特优势。城市交通监控和城市规划调查中，无人机能够按照预定的飞行路线，覆盖广泛的区域进行高效监控和数据收集。这种方式比传统的地面巡查更为高效和经济。例如，无人机可以用于监测交通流量和城市拥堵状况，为城市交通的优化提供数据支撑。

在电力行业，无人机的运动规划算法应用于电力线路的巡检工作中，大大提高了检查工作的安全性和效率。无人机可以按预定路径飞行，自动检测输电线路中的损坏或潜在

隐患，如树枝侵入或线路老化，快速准确地将问题区域的高清图片和位置信息反馈给维护团队。

在环境监测领域，无人机运动规划算法的应用同样重要。在进行环境质量监测、野生动物保护以及自然灾害评估时，无人机通过预设的飞行路线，能高效完成大面积的数据收集工作，这对于难以接近的地区尤为关键。例如，在监测森林火灾或评估洪水影响时，无人机能够迅速进入并广泛覆盖受影响区域，提供实时的视频和数据，极大地辅助决策者制定应对策略。

总体来看，无人机运动规划算法的成功应用案例涵盖了从农业管理到城市规划，从应急救援到环境监控等多个领域，显示了其广泛的应用前景和深远的社会意义。这些案例不仅体现了无人机技术在实际操作中的有效性，也推动了相关技术的持续发展和创新，为未来的技术应用提供了宝贵的经验和数据支持。通过这些实践，可以看到无人机运动规划技术在解决现实问题中的巨大潜力与价值，为未来的技术发展和应用开辟了新的道路。

五、挑战与优化：提升无人机运动规划效率的方法

提升无人机运动规划效率的方法可以从多个方面进行考虑和优化。例如，算法优化、计算资源管理、传感器数据处理等都是可能的改进路径。下面，我们详细分析和讨论这些关键技术和策略。

算法优化通常是提升规划效率的首要途径。传统的无人机路径规划算法如A*，Dijkstra等虽然基础扎实，但在处理高度动态和复杂的环境时可能效率不足。因此，研究者们开发了基于采样的路径规划算法，例如快速随机树（RRT）及其变种如RRT*，这些算法能更好地处理高维空间和非结构环境下的规划问题。此外，启发式搜索方法也被广泛使用于无人机运动规划中，例如采用改进的启发函数或是集成多种规划策略的混合方法。这些算法通过减少搜索空间和提高搜索效率，极大地提升了规划的速度和质量。

计算资源管理也是提升规划效率的关键。在无人机搭载计算资源有限的情况下，优化计算资源分配显得尤为重要。例如，可以通过算法的硬件加速来提高运算速度，如使用GPU进行并行处理。同时，云计算和边缘计算的应用也提供了新的思路，通过将计算任务分配至云端或边缘设备，可以有效分担无人机本地的计算压力，从而加速决策过程，实现更快的任务响应。

传感器数据处理在无人机运动规划中同样占有非常重要的位置。无人机的传感器，如视觉、雷达和激光扫描仪，是获取外部环境信息的主要方式。这些传感器产生的数据量往往非常大，直接处理这些数据可能会增加额外的计算负担。因此，对传感器数据进行有效

的预处理和压缩，仅提取对规划有用的信息，是提高规划效率的另一途径。此外，采用机器学习方法来处理传感器数据，能够在一定程度上预测并适应环境变化，改善规划的适应性和准确性。

环境建模也十分关键。精确而实时的环境模型可以极大地提高规划效率。通过构建动态更新的环境地图，无人机可以快速适应环境变化，避开障碍，选择最优路径。在一些应用中，如城市空域管理，高度动态的环境要求无人机能在极短的时间内重新规划路径，应对突发情况。在这种情况下，实时的环境建模和快速的路径重新规划能力是至关重要的。

多无人机协同在提高效率方面也展现出巨大的潜力。通过在多无人机系统中实行有效的协同和任务分配，可以实现任务的并行处理，极大地提高整体任务执行的效率和效果。在协同控制算法的设计上，需要考虑到无人机之间的通信、协调以及自我调整策略，以确保整个群体的高效运作。

第二节　无人机优化控制算法的发展与应用

一、无人机优化控制的基本概念与原理

在无人机系统中，优化控制一般融合了传统控制理论、现代控制理论以及计算智能等技术。首要任务是设计控制策略，使无人机能在不确定的环境中稳定飞行，同时完成特定的任务如路径规划、目标跟踪和避障等。这一过程中涉及的关键技术包括建模、状态估计、控制策略设计和最优决策。

无人机的建模是优化控制的起点。通过对无人机的动力学和环境因素如风速、障碍物等进行数学建模，可以为控制策略的制定提供基础。在这个基础上，系统的状态估计方法例如卡尔曼滤波和粒子滤波被用来实时估计无人机的位置、速度等状态信息。

控制策略设计是优化控制中的核心环节。PID控制是最常见的一种控制策略，其优点在于简单易实施，但面对多参数、高动态的控制任务时，其性能往往不足。现代控制理论如鲁棒控制、自适应控制以及模型预测控制等，提供了更为有效的控制手段。模型预测控制(MPC)尤其在无人机控制中表现优异，它通过预测未来的状态变化，能够提前对可能的风险和变化作出反应。

最优决策涉及的是在有限的资源下如何做出最合理的控制选择。这通常需要依赖优化算法，如线性规划、非线性规划、进化算法等。在无人机飞行中，面临着能源限制、时间限制等问题，如何在这些限制条件下完成任务，是优化控制需要解决的问题。例如，在长距离飞行中如何规划路径以最省油，或在敌对环境中如何快速避开障碍。

在实践中，这些优化控制算法需要与无人机的硬件系统如传感器、执行机构紧密集成。传感器提供必要的环境数据，执行机构则根据控制算法的指令动作。因此，系统的整体设计不仅要考虑算法的优越性，还要考虑实际应用中的可行性与可靠性。

随着技术的发展，数据驱动的控制策略和基于人工智能的学习算法也越来越多被引入到无人机的优化控制中。这些方法通过大量的飞行数据学习控制策略，能够在未知的环境中表现出更好的适应性和鲁棒性。

二、主流优化控制算法概述

在现代无人机技术中，优化控制算法发挥着关键性的作用，它涵盖从基本的线性控制到复杂的非线性控制以及智能化的制导与决策过程。这些算法不仅确保无人机能够在复杂多变的环境条件下高效、安全地完成预定任务，还能实现无人机系统的性能最大化和资源利用最优化。此节将对当前主流的优化控制算法进行一个全面的概述，包括它们的基本原理、应用场景及面临的挑战。

线性控制算法，如PID控制，历史悠久，在工业应用中占据着基础的地位。PID算法通过比例、积分和微分三种控制作用，调节控制输入，以实现对无人机系统的快速、精确的控制。尽管PID控制在操作简便和效率方面具有明显优势，但在处理非线性系统或多变约束条件时通常表现不佳。

非线性控制策略，例如滑模控制和反馈线性化，被设计来处理无人机在高动态和强非线性环境下的行为。滑模控制通过设计一个动态滑动曲面连同相应的控制律，能够确保系统状态最终达到并滑行在这个曲面上，实现系统的稳态与动态性能的同时优化。反馈线性化控制则通过变换将非线性系统转化为线性系统，使得使用线性控制策略成为可能。

在更加智能化的控制领域，模型预测控制（MPC）是一个强大的工具。MPC基于对未来系统行为的预测，并在此基础上优化控制信号，不仅可以处理多变量系统，还能在系统约束范围内提供优化的控制策略。这使得MPC非常适合应用于快速动态且需要同时考虑多种操作约束的无人机飞行任务。

神经网络控制和深度学习方法近年来在自动驾驶汽车和机器人领域显示出强大的潜力，并逐渐被运用到无人机的优化控制中。这些方法通过学习大量的飞行数据，能够模仿人类飞行员的操作技能和决策过程，从而在未知或变化的环境中做出适应性强的响应。特别是，深度强化学习通过与环境的交互学习控制策略，逐步优化飞行性能，显示出在处理高度不确定的情况下的优越性。

然而，尽管这些算法各有千秋，它们在实际应用中还面临着多种挑战。例如，PID控制在参数调整上可能需要大量的实验和误差；非线性控制算法往往需要精确的系统模型，这在实际操作中难以获得；MPC虽具预测功能，但计算成本高昂，可能限制其在资源受限的无人机系统上的使用；神经网络和深度学习方法虽然智能化程度高，但其"黑箱"特性使得算法的稳定性和可解释性成为问题。此外，所有这些算法都需要面对实时性与安全性的双重挑战。

三、实时路径优化与避碰技术

实时路径优化与避碰技术对无人机的安全运行和高效任务执行至关重要。在复杂的动态环境中，无人机必须能够快速响应环境变化，实时调整飞行路线，同时确保不与其他飞行器或障碍物碰撞。这些技术的发展不仅提升了无人机的自主性，还极大地扩展其应用场景，如城市空中交通管理、灾区搜索与救援、农业监测等。

实时路径优化技术主要侧重于如何根据当前环境信息快速计算出最优或次优的飞行路径。路径优化算法需要考虑多种因素，包括飞行时间、能耗、飞行安全及任务需求等。常用的算法有A*算法、Dijkstra算法、RRT及其变体等。这些算法各有特点，如A*算法在已知环境中寻找最短路径较为高效，而RRT算法则在探索未知或动态变化的环境中表现更优。近年来，借助深度学习技术，引入了基于神经网络的路径规划方法，如卷积神经网络（CNN）和循环神经网络（RNN）被用来处理路径规划问题，能够更好地理解环境特征和动态变化。

避碰技术则是确保无人机在飞行过程中能够有效识别并避开障碍物的技术。无人机避碰技术主要包括传感器技术和避碰算法两大部分。传感器方面，雷达、激光扫描仪（LiDAR）、声纳和视觉传感器等被广泛应用于无人机上，这些传感器帮助无人机构建关于周围环境的详细信息。在算法层面，传统的避碰算法如动态窗口法（DWA），人工势场法，以及更现代的方法如基于模型预测控制（MPC）的策略等，都能在某种程度上实现实时避碰。特别是与人工智能技术结合后，这些避碰系统可以实现更复杂环境下的自适应避碰。

考虑到多无人机系统的操作，无人机之间的协同飞行与避障也成为研究热点。多无人机协同控制不仅涉及单机避碰，还需要处理无人机之间的相互影响和协调问题，这对算法的设计提出了更高的要求。通过无线通信技术，无人机可以共享各自的位置、速度等信息，并共同作出避碰决策，优化整个群体的飞行路径。

对于实时路径优化与避碰技术的实际应用，难点在于算法的实时性与准确性之间的平衡。环境信息的不确定性和动态变化性要求避碰算法不仅要快速，还要具有很强的鲁棒性和适应性。此外，硬件的限制也影响了这些技术的实际部署，例如传感器的探测范围和精度，处理器的计算能力等。

四、优化控制在特定环境中的应用

无人机优化控制算法在特定环境中的应用是当前无人系统技术研究领域的一个重要方向。特定环境主要指那些对于无人机操控及任务执行具有特别要求的环境，如城市高楼密集区、复杂地形的自然环境、以及各种极端气候条件下的环境。在这些环境中，无人机需具备高度的自适应性、稳定性以及精确的操作能力，以应对可能遭遇的各种复杂场景与突发状况。

在城市高楼密集区，无人机的优化控制不仅要处理复杂的三维空间障碍，还要考虑到无线电干扰、GPS信号屏蔽等问题。算法需要加入复杂的路径规划和避障功能，确保无人机可以在不与建筑物碰撞的情况下，有效完成如物流配送或应急救援等任务。例如，通过实时数据处理和环境感知技术的集成，使无人机能够识别和适应城市中的各种动态变化，如正在移动的车辆和行人。

在复杂地形的自然环境下，比如山区、森林或沙漠，无人机需要借助先进的地形匹配技术和机器视觉来实现高效导航。这要求无人机的控制系统具备高度的环境适应能力和独立决策能力，例如，通过集成多传感器数据融合技术，无人机能在没有GPS信号的情况下使用视觉、惯性测量单位（IMU）或其他类型的传感器数据来估计自身位置和速度。

在极端气候条件下，如遭遇大风、雨、雪和浓雾等，无人机的优化控制算法必须能够确保飞行的安全与稳定。风速和风向的变化尤其对无人机的飞行稳定性和能耗管理提出了极大的挑战。通过实施复杂的飞行控制算法和调整机体的空气动力配置，可以有效提高无人机在恶劣天气下的操作效率和安全性。同时，通过机载气象检测设备，无人机能实时调整飞行策略，避开可能的危险区域。

技术的迅速发展也推动了多模态传感器的集成应用，例如光学、红外、激光雷达等传感器组合使用，可以极大增强无人机在特定环境下的感知能力。这种传感器融合不仅增强了无人机对周围环境的认知能力，也使得飞行控制更加精准。

在路径规划方面，优化控制算法通过算法改进，如遗传算法、蚁群算法或深度学习等，能够有效解决路径规划问题。这些算法可以帮助无人机在保证任务效率的同时，最小化飞行路径或能耗。

此外，随着人工智能技术的引入，无人机的决策过程逐渐智能化。通过学习过去的飞行数据和经验，无人机能够自主地做出更加准确和合理的飞行决策，适应多变的环境和任务需求。这不仅提高了任务执行的可靠性，也为无人机的广泛应用提供了更大的可能性和灵活性。

五、多无人机协同控制优化策略

多无人机系统（Multi-UAV Systems，MUS）在近年来得到了广泛的研究与应用，尤其是在军事侦察、灾难响应、交通监控和环境监测等领域展现出了巨大的潜力。在这些应用中，多无人机协同控制优化策略是确保系统高效、安全运行的关键技术。本节将深入探讨这一领域的最新发展、主要挑战及应用实例。

多无人机协同控制关注如何协调一组无人机在执行复杂任务时的行动策略和路径规划，以达到最优的任务效率和最低的资源消耗。这涉及数学建模、路径规划、任务分配和通信等多个技术层面。

在数学建模方面，多无人机系统通常被模拟为动态系统，其中包含各自的状态和控制输入。这些模型需要精确描述无人机的动态行为和相互作用，包括但不限于运动学、动力学和控制策略。有效的模型可以帮助研究者预测和分析多无人机的行为，从而设计出高效的控制算法。

路径规划是多无人机协同控制中的一个核心问题，其目标是为每架无人机规划出一条既安全又高效的飞行路线。这一问题的复杂性在于必须考虑无人机间的交互作用和潜在冲突，例如避免空中相撞和地面障碍物。进阶算法如遗传算法、粒子群优化和深度学习已被应用于路径规划中，以提高算法的优化性能和适应复杂环境的能力。

任务分配策略决定了如何将多项任务高效地分配给多架无人机，尤其是在任务需要协同执行时。这包括任务的优先级、所需资源、预期完成时间等多重因素的考虑。合理的任务分配能够显著提升整体作业效率并缩短任务完成时间。

通信技术是多无人机协同控制系统的另一个重要方面，特别是在控制指令的传输和状态信息的共享上。在实际应用中，保证稳定和实时的通信在技术上极具挑战，尤其是在复杂或极端的环境中。近年来，随着5G和即将到来的6G技术的发展，低延迟、高可靠性的通信为多无人机协同操作提供了新的解决方案。

除上述技术挑战外，多无人机协同控制系统还面临着诸多应用挑战，如法律法规、隐私保护、系统安全性等。这些非技术因素同样重要，决定着系统能否被广泛接受和实际部署。在实际操作中，还需考虑各国的航空法规，确保无人机操作不违反相关法律。

具体应用案例表明，多无人机协同控制优化策略在实际操作中已取得显著成效。例如，在大型农场的作物监控中，通过一组无人机进行空中拍摄和数据收集，可以实现快速而广泛的作物病害监测。在自然灾害如地震或洪水后，多无人机系统能够迅速进入灾区进行搜索和救援任务，极大地提高了救援效率和安全性。

六、优化控制的软硬件实现问题

优化控制在多模态无人机系统中发挥着至关重要的作用，不仅涉及算法的设计和优化，还涉及其在硬件上的实现问题。这些不同层面之间的交互具体表现在控制算法能否被精确快速地执行，以及执行效果能否达到设计要求。这段讨论将详细展开优化控制算法在软硬件上的实现问题，并探讨其中的关键技术与挑战。

无人机的控制系统需要处理从感知环境获取的各种数据，并做出快速反应以适应不断变化的外部条件。控制算法的有效实现，需要依托强大的硬件支持，包括但不限于处理器、传感器和执行机构。在选择硬件平台时，既要考虑其处理速度，也要考虑到能耗和体积，特别是在需要部署多个无人机进行协同作业的场景中，这一点尤为重要。

在算法与硬件的结合过程中，首要面临的问题是如何将复杂的控制算法高效地映射到硬件上。这通常需要算法的简化和优化，否则计算负荷过大将严重影响无人机的响应时间和任务执行效率。此外，优化控制算法往往依赖高精度的数学计算，如何在保证计算精度的前提下，通过硬件加速来提升处理速度是一个技术难题。

硬件实现的另一个挑战是确保系统稳定性和可靠性，控制系统必须能够在各种环境下稳定运行，对于无人机这类常在复杂环境中操作的设备尤其重要。任何因硬件故障导致的控制系统失效都可能引发严重后果。因此，硬件设计需要有足够的冗余和故障恢复机制，同时硬件的选材和制造也必须满足高标准。

软件层面，控制算法的实现需要考虑代码的优化，以适应硬件的特性。例如，考虑到处理器的计算特性，算法可能需要在某些环节采用并行处理的方式来优化性能。此外，控制软件还应具备良好的可扩展性和可维护性，便于适应未来技术的演进和系统的升级。

在整个系统的集成过程中，硬件和软件的协同优化是一个复杂的工程问题，需要系统工程师、控制理论专家和硬件工程师共同协作。他们需要不断测试和优化系统，确保控制算法在实际硬件平台上能够达到预定的性能指标。

除了技术层面的挑战，还需要关注成本与实际应用的可行性。高性能的硬件成本往往较高，这可能会限制无人机系统的广泛部署。同时，随着技术的不断进步，新的硬件和算法的出现也会使得原有的控制系统需要升级。如何平衡性能提升与成本控制，是推广无人机控制系统的另一个重要考量。

七、案例分析：优化控制在商业与救援任务中的应用

无人机在商业和救援任务的应用中，优化控制算法起着至关重要的作用。这些算法不仅提高了任务的执行效率，还确保了操作的安全性和可靠性。在商业领域，无人机被应用到货物配送、农业监测、工业检查等多个方面，而在救援任务中，无人机则用于灾区侦察、搜救行动及灾后评估等关键场合。

在商业领域，优化控制算法使无人机能够在复杂的环境中自主导航和精确定位。例如，在货物配送中，无人机需要在多变的气候条件和可能的障碍物干扰下，准确快速地送达货物。这就需要算法对飞行路径进行实时优化，确保既快速又安全地完成任务。而在农业监测中，无人机通过搭载的高清摄像头和传感器，对农田进行精准的数据收集。优化控制算法在此过程中确保无人机能够覆盖尽可能大的监测面积，并对数据进行实时处理，帮助农民做出决策。

救援行动中，无人机的应用同样不可或缺。在自然灾害如地震、洪水发生后，优化控制算法帮助无人机在极端和不确定的环境中稳定飞行，进行灾区的空中侦察。通过实时传回的视频和数据，救援团队能够及时了解灾区的实际情况，有效安排救援资源。此外，在被困人员的搜寻中，无人机能够进入人员难以到达的区域，通过热成像技术识别幸存者的位置，极大地提高救援效率。

优化控制算法的发展也面临着多方面的挑战。环境的不确定性、任务要求的多样性以及技术实现的复杂性都对算法的设计提出了高要求。算法需要具备极强的适应性和鲁棒性，能够在不断变化的环境条件下快速作出反应，并做出最优决策。此外，随着应用场景的扩展，用户对无人机操作的便利性和智能性的需求也在不断提高，这进一步推动了控制算法向更高级、更智能的方向发展。

随着人工智能技术的不断进步和计算能力的增强，预见优化控制算法将更加智能化和精准化。无人机将能够执行更加复杂的任务，并在更广泛的领域中发挥作用，例如在交通管理、城市规划、环境监测等领域。这不仅会推动相关行业的发展，也将为社会带来更加显著的经济效益和社会价值。

第三节　无人机全面应用面临的挑战与未来发展方向

一、无人机系统集成与兼容问题

在现代空中交通和军事作战系统中，无人机的重要性与日俱增。随着科技的飞速发展，无人机系统不仅需要高度的自动化和智能化，还需与多种系统进行有效的集成，以应对复杂的环境和任务需求。然而，无人机系统集成与兼容问题是目前面临的一大挑战，这直接关系到无人机的性能表现及其广泛应用的可能性。

无人机系统集成主要涉及硬件和软件两大方面。在硬件集成上，不同生产商的无人机组件如飞控系统、传感器、通信设备等可能存在兼容性差异。这些组件必须能够在统一的架构下无缝工作，从而确保无人机的稳定性和可靠性。例如，飞控系统要能精确解读来自传感器的数据，并根据这些数据做出快速的调整。如果传感器的数据传输格式与飞控系统不兼容，将会增加数据处理的复杂性，进而影响无人机的响应速度和操作效率。

在软件集成方面，无人机必须能在不同的操作系统和平台上稳定运行。随着无人机应用领域的扩展，其操作系统的复杂程度也在不断提升，开发者需保证软件代码的可移植性和可扩展性。此外，随着人工智能（AI）技术的引入，无人机的决策系统逐渐向AI驱动模式倾斜。因此软件不仅要处理常规的飞行控制逻辑，还要进行复杂的数据分析和学习。这种类型的软件集成需要高度的专业知识，确保人工智能算法能够有效地与无人机的核心控制系统整合。

当前，无人机全面应用面临的一大挑战是保证系统集成的同时维持无人机的操作安全。由于市场上无人机的配置千差万别，其安全标准也并不统一。这就要求开发者在系统集成的过程中严格遵守行业安全标准和法规，以防系统故障或是操作失误导致的飞行事故。而这一点在军事或其他高风险环境下尤为关键，无人机的安全性直接关系到作战效率和人员安全。

此外，随着无人机在民用领域，如物流、农业、环境监测等方面的广泛应用，如何在保证效率的同时确保对环境的低影响和对公共安全的保障，也是无人机系统集成面临的重要挑战。例如，在城市密集区域运用无人机进行物流配送，不仅要求无人机有高度稳定和可靠的飞行控制系统，还需确保其通信系统能在复杂的电磁环境中稳定工作，以及具备避障和紧急降落等安全功能。

未来，无人机系统集成将趋向模块化和标准化。通过统一的接口和协议，不同设备之间的兼容性问题可以得到有效解决。模块化设计可以简化组装和维护过程，使无人机系统的升级和修复更为便捷。同时，标准化也有助于提高制造效率，降低成本，加速无人机技术的普及。

通过增强的交互协议、更高级的集成技术以及更智能的自动化系统，未来的无人机将能够更加灵活和高效地应对各种复杂和多变的任务环境，提供更加智能、精准的服务。

二、环境适应性和安全性挑战

在多模态无人机的研究与应用中，环境适应性和安全性是两大核心挑战，它们直接影响到无人机系统的稳定性，效能以及广泛应用的可行性。无人机操作环境多变，包括城市高密度地区、复杂的自然地形，或是极端气候条件，这些因素都要求无人机系统拥有高度的环境适应性以确保任务的成功执行和机体的安全返回。

环境适应性首先涉及无人机的感知能力。现代无人机通常装备有多种传感器，如光学传感器、红外传感器、雷达等，以收集周边环境的信息。然而，每种传感器都有其局限性。例如，在光线不足或天气恶劣的情况下，光学传感器的效能会大打折扣。目前为了提高无人机的适应性，研究人员正致力于开发更为先进的传感融合技术，通过多传感器数据的整合分析，提高无人机在复杂环境下的感知精度和可靠性。

除了感知之外，无人机在面对复杂环境时的自主决策能力也是环境适应性的重要组成部分。这包括路径规划、障碍物避让以及在面对突发状况时的应急处理能力。一方面，机器学习和人工智能技术的引入为无人机提供了更为智能的决策支持，使其能够在未知或变化的环境中做出快速反应。另一方面，持续的算法优化和模拟训练也在不断提高无人机的任务执行效率和安全性。

安全性的挑战则主要体现在避免操作过程中的事故和故障，以及确保数据传输的安全方面。无人机在执行任务时可能会遇到硬件故障、软件错误或外部干扰等问题，这就要求系统不仅要有健壮的故障诊断技术，还需要能通过自主的安全管理机制及时处理异常情况，比如启动紧急着陆或返回程序。同时，随着无人机在军事和民用领域的广泛应用，如何保护无人机系统不被黑客攻击、数据被非法窃取，成为了另一大安全问题。这需要在无人机的通信、数据存储与处理等环节中增加加密和防护措施。

在未来无人机技术的发展方向中，将进一步强化环境适应性和安全性。这方面的创新可能包括开发更为先进的复合材料用于无人机结构，以适应更广泛的环境条件和减少故障，同时，推进无人机操作系统的标准化，提高系统的兼容性和互操作性，从而降低技术故障的可能性，再加上深度学习等人工智能领域的进一步应用，将使无人机在复杂环境下的自主操作能力达到新的高度。此外，随着无人机法规与政策的逐步完善，对环境适应性和安全性要求的标准将更加严格，在推动技术发展同时确保无人机技术的健康持续发展。

三、技术创新与成本效益分析

无人机技术的快速发展带来了广泛的行业应用，然而，这背后涉及的技术推陈出新和高昂的研发成本也使得技术创新与成本效益的权衡尤为重要。

在无人机领域技术创新主要包括提高飞行效率、增强数据处理能力和优化用户接口。例如，通过改进无人机的设计，降低其风阻，提升动力系统的效率，可以显著提高飞行时间和稳定性。此外，采用更先进的传感器和数据处理算法，无人机能在执行任务时收集更精确的数据，增强其应用价值。同时，用户界面的优化也是技术创新的一部分，这涉及提高无人机系统的易用性和交互性，使操作人员即便是在复杂的环境中也能轻松控制无人机。

此外，多模态无人机系统的研发更是技术创新的前沿，它涉及使无人机能够在多种环境中协同工作，例如在空中、水面或地面。这不仅需要各种模态之间的高效协调和数据交换，还要求无人机在切换模态时能保持高效能和高可靠性。

然而，所有这些技术创新无一不涉及成本的考量。无论是研发初期的技术投入，还是生产和维护阶段的费用，都可能成为项目推进的负担。因此，进行精确的成本效益分析至关重要。分析不仅要考虑直接投入，如研发人员的工资、原材料费用和设备折旧，还应包括间接成本，如市场调研和产品测试费用等。成本效益分析不仅仅是财务数字的计算，更是对无人机的价值及其在市场上的潜在位置的一种评估。

成本控制也是技术创新中不可忽视的一环。例如，通过标准化生产部件或采用模块化设计，可以降低生产和维护成本。此外，使用更经济的材料或改进生产工艺也是控制成本的有效方法。

在未来的发展方向中，智能化和自动化技术将继续是无人机技术创新的重点。例如，通过引入机器学习和人工智能技术，无人机能够实现更复杂的任务和更高级的决策支持。同时，随着技术进步和产品规模化生产，成本有望进一步降低，无人机的应用领域也将进一步拓宽。

此外，政府政策和行业标准的完善也将对无人机的技术创新和成本控制产生重要影响。合理的政策可以促进技术的商业化转化，而行业标准的制定则有助于统一技术标准和降低不确定性，这对于控制研发和生产成本是十分有益的。

在技术创新与成本效益的分析中，不仅涉及经济学和工程技术的交叉领域，还包括战略规划和市场分析。成功的无人机项目需要在创新的推动和成本的控制之间找到一个平衡点，以实现技术与商业的双重成功。因此，对这些复杂因素的全面理解和有效管理，是无人机领域未来发展的关键。

四、数据隐私与安全问题

随着无人机技术的迅猛发展和应用领域的不断扩展，无人机所搜集和处理的数据量急剧增加，其中很多数据涉及个人隐私或国家安全。因此，确保这些数据的安全，避免数据泄露或被恶意利用，是当前无人机技术面临的重大挑战之一。

无人机在执行任务过程中通常需要收集大量的环境与目标数据，这些数据可能包括高分辨率的图像、视频以及其他形式的监控数据。这类数据往往包含大量敏感信息，比如个人的行为模式、隐私空间的内部结构以及关键基础设施的详细情况等。如果这些信息被未经授权的第三方访问或使用，将可能导致严重的隐私泄露甚至安全风险。

针对这一挑战，需要从技术和法规两个层面做出努力。技术层面包括加强无人机系统的数据加密技术、安全传输协议和数据保护机制等。例如，可以采用先进的加密技术确保数据在传输过程中不被截取或篡改；开发更为严格的访问控制系统，确保只有授权用户才能访问到敏感数据；同时，需要实时监控数据的存储和使用情况，一旦发现异常访问或泄露迹象，立即采取措施进行应对。

法规层面则需要结合无人机技术的发展制定相应的法律法规，对无人机的使用进行规范，特别是在数据收集和使用方面设立明确的限制和指导原则。例如，相关法规应明确定义何种情况下使用无人机收集数据是合法的，何种数据的收集需要事先获得个人或机构的同意，以及如何保障被收集数据的安全和被数据主体的权益等。

此外，加强公众对于无人机数据安全的意识同样重要。只有当社会大众理解无人机数据收集可能带来的隐私和安全风险时，才能更有效地配合和监督无人机技术的健康发展。社会公众的参与不仅能够推动更加合理的法规制定，也有助于提升无人机技术的社会接受度。此外，通过教育和普及相关知识，可以使得无人机的操作者和数据处理者提高其职业道德素养，更加自觉地遵守数据保护的法律法规。

五、交互操作性与标准化需求

在多模态无人机的应用与优化控制领域中，交互操作性与标准化需求是当前面临的重大挑战之一，这直接影响了无人机技术的实用性和广泛应用。交互操作性指的是不同系统、设备之间能够有效地沟通、协作和共享信息的能力。对于无人机而言，这意味着需要与其他无人机、控制系统、地面站，甚至是其他类型的载体（如卫星、有人航空器等）进行有效的相互作业。标准化则关注于建立一套普遍认可的规范和标准，以确保技术的安全性、可靠性和互操作性。

无人机行业的发展速度极快，各种类型的无人机及其应用场景层出不穷，但这也使标准化面临复杂挑战。在无人机设计和使用过程中，缺乏统一的标准和协议会导致兼容性问题，影响系统集成和安全性。例如，不同制造商生产的无人机在通信协议、操作方式以及数据格式上可能各不相同，这限制了它们在复杂应用场景中的协同作业效率。

交互操作性的核心在于实现无人机系统的"即插即用"，无人机要在无需过多人为配置的情况下，快速融入多系统环境并协同完成任务。这要求无人机不仅要有高度的自主性，还需要具备灵活适应不同任务需求和环境的能力。例如，在灾难响应和紧急救援场景中，多个机构的无人机可能需要协同作业，如果无法实现高效的交互操作性，则可能导致救援效率低下乃至失败。

为了解决这些问题，国际上已有多种努力促进无人机领域的标准化。例如，美国联邦航空管理局（FAA）和欧洲航空安全局（EASA）等机构已经制定了一系列关于无人机运行的规章制度。此外，电气和电子工程师协会（IEEE）、国际标准化组织（ISO）等组织也在积极开发适用于无人机的技术标准。这些标准覆盖了无人机的设计、测试、运行和维护等多个方面，为无人机的安全运行和互操作性提供了基础。

然而，单一国家或区域的标准化努力往往难以应对全球性的挑战，因此国际合作显得尤为重要。不同国家和地区的监管机构可以通过共享最佳实践、协调政策和建立共同的技术标准来提高整个行业的互操作性。例如，通过国际无人机系统联盟等平台，可以集合全球资源合力推动标准化工作，确保不同国家和地区的技术和政策协同进步。

此外，推动交互操作性的技术创新也非常关键。人工智能和机器学习的引入可以极大提高无人机的自主决策能力和任务执行效率。通过智能化算法，无人机能够在复杂多变的环境中进行实时数据分析和决策制定，而不仅仅依赖于预设的程序控制。同时，增强的通信技术如5G和卫星通信的应用，可以提高数据传输的速度和可靠性，实现更远距离、更高密度的无人机网络操作。

最终，实现高度的交互操作性与标准化是多模态无人机系统进入广泛应用的关键。面对持续变化的技术和市场需求，持续的创新和国际合作是推动标准化进程的两大驱动力。通过不断优化技术、完善标准、加强合作，我们可以更好地应对未来无人机技术与应用的各种挑战和机遇。

六、人工智能的应用与限制

人工智能在无人机领域的应用主要表现在其能够通过算法自主学习和优化操作过程。利用机器学习算法，尤其是深度学习，无人机可以通过分析大量的飞行数据来不断提升自身飞行效率和安全性。例如，通过卷积神经网络（CNN）处理来自摄像头的图像，无人机能够识别和分类其所处环境的各种对象和障碍，从而做出快速反应和路径调整。此外，强化学习可以使无人机在模拟环境中通过多次实验模拟学习最优的飞行策略。

尽管人工智能技术提供了诸多优势，但在实际应用中还存在一些重要的限制和挑战。其中的一大挑战是算法的泛化能力。训练数据的质量和多样性直接影响了模型的普适性和可靠性。如果训练数据不足或者数据偏差严重，就可能导致无人机在未知或少见情境下表现不佳。此外，现有的人工智能模型通常需要大量的计算资源，这在资源受限的无人机平台上是一个不小的挑战。模型的复杂性与计算资源之间的平衡是当前研究的重点。

另一关键限制是模型的透明度和可解释性。尤其是深度学习模型，其"黑箱"特性使得理解和解释模型决策的逻辑变得复杂。这在无人机执行关键任务时尤为重要，因为错误的决策可能导致严重的后果。因此，研发更具可解释性的AI模型，能够让操作人员和监管机构清晰理解模型决策过程，这也是提升无人机AI应用安全性的重要方向。

技术规范和法规制定也是人工智能应用于无人机领域面临的挑战。随着技术的快速发展，现有的法律和政策可能不足以覆盖所有新出现的情况和问题。因此，如何制定合适的法规来确保技术的健康发展和公众的安全利益，是政策制定者必须面对的问题。

展望未来，人工智能在无人机领域的应用将继续扩展和深化。随着算法的优化、计算力的提升和法规的完善，无人机的智能化水平将达到新的高度。未来的研究可以在提高算法泛化能力、提升模型的透明度和可解释性，以及优化资源利用效率等方面着力。此外，跨领域的合作也将是推动无人机人工智能发展的重要途径，通过与其他领域的技术如大数据、5G通信等结合，将进一步拓宽无人机的应用场景和提高其运作效率。

通过不断攻克这些挑战，无人机配备人工智能技术未来将在更多领域展现出更大的潜力，为人类社会带来更广泛的利益。

七、无人机系统的持续维护与升级需求

无人机系统的维护与升级对于保证操作性能、延长使用寿命及适应日新月异的技术发展至关重要。随着无人机在军事和民用领域中的广泛应用,其维护和升级需求也日益增加,涵盖了硬件升级、软件更新、功能增强以及安全协议的完善等多个方面。

在无人机的硬件维护方面,关键在于保持无人机的机械部件和电子系统的最佳运行状态。这包括定期更换易损耗的部件,如螺旋桨、电池及飞行控制系统的各个组件,以防止因老化或磨损造成的性能下降。随着技术进步,新的更高效或更轻便的组件被开发出来,这些新元件往往可以直接替换旧的部件,从而提升整体性能和效率,减少功耗并增加无人机的有效载荷能力。

软件升级是无人机维护中的另一重要领域。随着飞行控制算法的不断优化和新功能的添加,定期更新无人机的操作系统和应用程序成为提升操作效率和安全性的重要措施。此外,软件更新还包括对无人机通信协议的优化,以增强其抗干扰能力和提高数据传输的安全性和可靠性。这对于军用无人机尤为重要,因为它们常常需要在复杂和敌对的环境下操作。

功能增强则涉及通过添加新的传感器或功能模块,扩展无人机的应用范围。例如,通过安装高分辨率相机、多光谱传感器或其他类型的遥感设备,可以使无人机在环境监测、地图制作和灾害响应等多个领域发挥更大的作用。同时,增强其自主飞行和决策能力也是当前无人机研发的热点,这包括提升其环境感知、障碍物避让和精确定位的能力。

维护和升级的另一关键领域是安全性。无人机系统需要定期进行安全评估和升级,以防范黑客攻击和数据泄露。这包括加强加密措施,保护无人机与控制系统之间的通信安全,以及部署新的软件来检测和防范潜在的安全威胁。

持续的维护和升级要求无人机制造商、操作者及相关技术供应商有良好的合作和协同工作机制。制造商需要提供持续的技术支持和升级服务,帮助用户了解和应用最新技术。操作者也应培训专业的技术维护团队来执行日常的维护工作和紧急修复工作。

无人机技术的未来发展,将可能带来自修复材料、人工智能驱动的自动化维护程序及通过互联网进行远程故障诊断和修复等创新解决方案。这些技术将进一步提高无人机的操作效率和安全性,减少人力需求,并缩短维护时间。

第四节 无人机相关政策、法律

一、国际无人机政策、法规比较

无人机技术的迅速发展以及广泛应用带来了诸多便利，同时也引出了一系列的问题。不同国家和地区出于对空域安全、隐私保护以及公共安全的关注，制定了不同的无人机政策与法规。国际上关于无人机的政策与法规展现出各自的特色和侧重点，本节将通过对几个主要国家和地区的政策法规进行比较，展示国际无人机政策法规的现状与趋势。

美国作为无人机技术的先行者，其无人机政策主要由联邦航空管理局（FAA）制定。2016年，FAA推出了Part 107规则，这是针对商业无人机操作的一系列规定，包括操作者必须持有遥控飞行员证书，无人机必须在操作者视线内飞行，且飞行高度不得超过400 ft（约合120 m）等。此外，FAA亦对无人机的商业使用场景提出了诸多限制，如禁止在人群密集区域飞行，以保证公共安全。

欧盟在2020年开始实施全新的无人机法规体系，这一体系试图统一成员国之间的无人机法规。欧盟的法规包括对无人机操作者的注册要求，以及对无人机遥感识别系统的要求等。该法规体系的一个显著特点是其对风险的分类管理，根据无人机的飞行高度、重量，以及飞行区域等因素，将无人机操作分为低风险、中风险和高风险几大类，并据此制定了不同的管理措施。

中国在无人机法规方面也非常严格。中国民用航空局（CAAC）要求所有的无人机操作者必须通过实名注册，其操作的无人机也需要进行实名注册。此外，中国还设立了无人机禁飞区和限制飞行区，严格限制在机场周围、政府要地以及军事区域等敏感区域的无人机飞行。中国还通过实施无人机驾驶员证照制度，要求无人机操作者具备相关的法规知识和操作能力，保证无人机飞行的安全性。

日本的无人机政策同时注重安全与技术创新。日本政府设有专门的无人机法则，禁止无人机在人口密集的市中心及周围上空飞行，特别是在东京这样的大城市上空飞行。与此同时，日本积极推动无人机技术的发展，在农业、物流等领域推行试点项目，探索无人机技术的商业应用前景。

印度也在近年来加大了对无人机规范的制定力度，其中包含了无人机的分类、操作要求，以及必要的合规性检查等规定。印度政府清楚地规定了不同类型无人机所需的飞行许可和运营限制，并实现了无人机飞行活动的监管框架。

通过对比不同国家的无人机政策和法规，可以看出各国在积极促进无人机技术发展，同时非常注重飞行安全、隐私权保护以及相关法规的制定与执行。无人机作为一个跨领域的复杂产品，其管理和规范涉及空中交通管理、地面安全、隐私权保护等多个方面，各国的政策也在不断地调整和完善之中。随着无人机技术的进一步发展和普及，未来国际上在无人机的法规制定方面可能会更趋于统一，以应对技术的全球化发展趋势。

二、无人机在民用领域的法律限制

随着科技的迅猛发展，无人机已被广泛应用于农业、电影制作、快递送货、城市管理等多个方面，在带来便利和商业机会的同时也引发了一系列的法律和伦理问题。

无人机的使用对个人隐私权的影响是一个非常敏感的话题。不同国家对于隐私的定义和保护程度不同，但普遍认为无人机应当遵守相关法律，以防侵犯个人隐私。例如，无人机往往被配备有高清摄像头，其拍摄行为可能无意中侵犯了人们在自己住所周边的隐私权。因此，一些国家制定了严格的规定，禁止无人机在未经允许的情况下在私人住宅、学校及医院上空飞行。

此外，无人机的运行安全是另一个需要严格监管的领域。由于无人机可能与民航飞行器发生空中接近事件，甚至可能导致严重的安全事故，许多国家和地区已设立了特定的飞行限制区域和高度限制。无人机操作者必须按照地方和国家级航空部门的规定申报飞行计划，并获取飞行许可。

无人机的噪声管理也是法律限制的一个重要方面。在某些高密度居住区或者静音区，无人机的飞行可能会对居民的生活造成影响。因此，相关法律往往制定了噪声级别的标准，规定无人机在特定时间段内不得在特定区域飞行，或要求使用特定的降噪技术来减少影响。

环保也是涉及无人机法律规定的一个重要方面。无人机的运作通常需要电池支持，而电池的使用和废弃处理可能涉及有害物质的管理。因此，无人机制造和运营必须符合当地环保法规，确保在设计、使用和废弃过程中的环保性。

国家安全亦是无人机法律限制考虑的重要领域。无人机搭载的摄像头和传感器可以用于收集敏感信息，可能被用于不当目的。许多国家对无人机在关键基础设施附近的飞行实施了严格控制，确保这些技术不被用于对国家安全构成威胁的活动。

在法规方面，各国对无人机的管理还面临着不同程度的挑战。随着无人机技术的发展和应用领域的拓展，现有的法律法规可能需要进一步细化和完善，以应对新的挑战和问题。政府部门需与科技企业、法律专家和社会公众进行广泛的合作和讨论，共同推动形成公平、合理且能够有效实施的无人机法规政策。

总的来说，无人机在民用领域的法律限制是一个需要跨领域合作、不断发展和综合考量的复杂议题。相关法律和政策的制定，不仅需要考虑技术的发展和社会的实际需要，还要平衡安全、隐私、环境保护等多方面的利益，确保无人机技术能够在不影响公共利益的情况下健康发展。此外，公众教育和意识提升也是法律实施的重要环节，有助于提升整个社会对无人机潜在影响的理解和认知。

三、无人机技术伦理问题的影响

无人机技术，作为一种具有广泛应用前景的技术，其在民用和商用领域的应用已经越来越普及。然而，随着技术的发展和应用范围的扩大，其伦理问题也日益凸显，尤其是在隐私权、安全性、责任归属以及技术公正性等方面的挑战。

无人机技术在侵犯隐私权方面的问题尤为突出。由于无人机搭载的摄像头和传感器可以在不被察觉的情况下，从空中获取个人或团体的详细信息，这对个人隐私的保护构成了严峻挑战。例如，无人机可以不经许可而擅自飞进私人领域，拍摄高清照片或视频，这种行为可能侵犯了个人的隐私权。因此，需制定严格的规章制度来限制无人机在特定区域和特定情况下的使用，以保护个人的隐私权。

安全性是另一个重要的伦理问题。无人机的操作误差或技术故障可能导致意外事故，比如与航空器的潜在冲突、坠落造成人员或财产的损害等。此外，无人机的黑客攻击问题也不容忽视，一旦被恶意控制，可能用于非法的活动，如非法监视、物品走私甚至是恐怖攻击等。为此，提高无人机的技术标准和安全性能，确保其操作系统的安全防护，成为制定相关政策时的重点。

责任归属问题也是无人机技术面临的重要伦理挑战。在无人机发生事故或被用于非法活动时，确定责任方涉及多方面的考量，包括操作者的责任、制造商的责任以及相关监管机构的责任等。伦理指南和法规需要明确各方在无人机使用中的权利和责任，确保在出现问题时，能迅速明确责任归属并采取适当的应对措施。

此外，技术公正性也是无人机技术需要考虑的伦理问题之一。技术发展的不平衡可能导致资源的不公平分配，某些地区或社群由于缺乏技术支持而无法享受无人机技术带来的便利和商机。公平地促进技术的普及和应用，是政策制定者在推动无人机技术发展时需要面对的重要问题。

综上所述，无人机技术的发展虽然为社会带来了诸多便利，但同时也引发了一系列伦理问题。这些问题的处理不仅需要技术上的改进，更需要法律、政策的完善与伦理准则的制定。只有这样，无人机技术的健康发展才能得到保障，其潜在的负面影响才能得到有效的控制和化解。未来，无人机技术的伦理考量将是科技发展中不可或缺的一部分，也是科技进步与人类价值观念不断协调与融合的重要体现。

四、数据隐私与安全法律问题

无人机技术由于其广泛的应用前景，如在灾难响应、交通监控、农业检测等多个领域的实用性，已成为数据采集的重要手段。然而，这种技术的使用同时也引发了一系列的数据隐私与安全问题，特别是在个人隐私保护法律的框架之下。

数据隐私主要关注的是收集、存储和处理个人数据时的隐私保护。无人机拍摄和录制的数据很可能包含敏感的个人信息，例如，无意中拍摄的个人住宅，或是在公共或半公共场所中捕捉到个人活动。这些情况下，未经个人同意使用这些数据可能会侵犯隐私权。

此外，安全问题也非常关键。无人机收集的数据需要通过网络传输到服务器或直接在无人机上进行处理，这个过程中的数据传输和存储必须保证高度的安全性，以防数据被未经授权的第三方获取和滥用。信息安全漏洞可以引致严重的隐私泄漏及其他安全问题。

在法律层面，多个国家和地区已开始实施相关法规来约束无人机的使用，确保在技术发展的同时，公众的隐私和安全得到有效保护。例如，欧盟的通用数据保护条例（GDPR）对于个人数据的处理提出了严格的规定；在美国，联邦航空管理局（FAA）也规定了无人机的飞行限制，并要求对商业用途的无人机进行登记；我国也有《民用无人驾驶航空器系统飞行管理办法》等规定，不仅对无人机的飞行高度、区域、时间进行了限制，还涉及了数据管理的相关要求，强调数据收集与使用应遵守国家法律法规，保护公民个人隐私。

这些法规虽然在一定程度上提供了框架和指导，但在实际操作中仍面临诸多挑战。例如，如何界定数据的敏感性、在不同国家和地区之间的法律适用和协调，以及技术发展迅猛导致的现有法律规定迅速过时的问题等。

法律制定者需要与技术发展保持同步，制定出具有前瞻性且相对灵活的法规。此外，公众教育同样重要，应提高大众对于个人数据隐私权的意识，以及如何在日常生活中保护自己的隐私。

针对未来的研究和技术开发，建议在无人机的设计和操作过程中引入隐私保护的设计原则，例如通过技术手段实现数据的匿名化处理，或建立更为严格的数据访问控制机制，以加强对个人隐私的保护。

五、政策建议与法规未来发展方向

无人机的广泛应用已经涉及军事、物流、农业、环境监测、影视制作等多个领域，其中每个领域的具体需求和操作条件都高度不同。对此，制定灵活而具体的政策法规尤为关键。例如，在农业中使用无人机进行喷药、测绘时，需确保该技术不会对环境造成负面影响；在城市中，无人机的飞行高度、路线和时间需要精确控制以避免侵犯公众隐私或干扰地面交通。

政策的制定者必须要考虑到无人机技术的快速变化，不断更新技术相关的规范和标准，确保政策能持续适应技术发展的需求。政策制定需具备前瞻性和一定的灵活性，能够预测技术发展的趋势并及时调整，以适应新技术带来的挑战。此外，相关政策和法规应关注用户隐私和数据保护，制定明确的数据收集、处理、存储及分享的法律要求。

法规的制定也应考虑国际合作。由于无人机技术和应用无国界，其操作往往可能跨越多个国家和地区。国际间的协调和合作对于制定统一的或具有广泛认可的无人机操作标准至关重要。例如，可以参考国际民用航空组织（ICAO）关于航空器跨境操作的规定，发展适用于无人机的相似框架。

在未来的发展方向上，预计无人机技术将更加智能化，与人工智能、大数据等其他技术的结合将更为紧密。因此，法规的未来发展方向应更多关注这些技术交互的新情境和新挑战。譬如，无人机自主决策功能的增强可能导致法律责任归属问题的复杂化，需要制定更为明确的责任划分及处理机制。

安全问题始终是无人机操作中的核心议题。未来的法规中，对无人机的安全性标准要有更高的要求，包括但不限于增强技术故障的预防措施、提高抵抗黑客攻击的能力以及完善事故应急响应机制。同时，关于无人机在复杂环境下的操作能力要有具体的技术标准和认证过程，确保其在任何情况下都能安全高效地完成任务。

无人机技术的未来发展还需把握伦理性问题，特别是在人工智能辅助决策系统中应用无人机时的伦理考量。政策与法规在未来的发展中需要更多地从伦理角度出发，考虑和平衡技术进步与社会伦理标准之间的关系，防止技术滥用并保护个人和社会利益不受侵害。

　　总结来说，无人机技术的政策和法规的未来发展方向应综合考虑技术发展、国际协作、用户隐私、数据安全、安全操作及伦理问题，形成全面而具前瞻性的法规体系，促进无人机技术健康、有序的发展，并确保其广泛应用在带来便利的同时也能维护社会公共利益和伦理道德标准。

参 考 文 献

[1] 刘兵兵，吴福，刘昶，等. 基于无人机融合建模的危岩运动模拟及影响区划分[J]. 人民长江，2024 (4) :1–12.

[2] 张巧玲，蒙利，赵燕伶，等. 无人机遥感技术在三维建模中的应用[J]. 山西建筑，2024，50 (6) :180–183.

[3] 陈益伟，刘豪杰，黄锐，等. 固定翼无人机机翼对接过程的气动力建模与路径优化[J]. 气体物理，2024，9 (2) :43–53.

[4] 王昶. 基于无人机贴近摄影测量的古建筑遗产精细建模[J]. 中国建筑金属结构，2024，23 (2) :103–105.

[5] 童星，徐鹏，韩岭，等. 无人机三维建模技术在露采矿山动态储量监测中的应用[J]. 矿产勘查，2024，15 (2) :303–310.

[6] 关健. 无人机倾斜摄影测量在水库中BIM建模的应用分析[J]. 黑龙江水利科技，2024，52 (2) :114–116.

[7] 朱得利，韩兴意. 基于风机建模的风力电站无人机航迹点规划策略研究[J]. 电力信息与通信技术，2024，22 (2) :76–82.

[8] 李平山. 影像RTK与无人机相结合的融合建模在历史建筑测绘中的应用[J]. 测绘与空间地理信息，2024，47 (2) :170–172.

[9] 王玉柱，孟强，孔娟. 无人机倾斜摄影测量技术及三维建模的应用[J]. 西部探矿工程，2024，36 (2) :149–150.

[10] 钟天尧，吴杜成，陈润丰，等. 无人机位置、缓存与用户接入联合优化方法[J]. 陆军工程大学学报，2024，3 (1) :19–27.

[11] 韩东升，孙瑞彬，李然. 基于随机几何的输电场景中无人机信道建模[J]. 电子测量技术，2024，47 (3) :175–186.

[12] 沈跃，储金城，沈亚运，等. 直线型倾转多旋翼植保无人机建模与控制[J]. 仪器仪表学报，2024，45 (1) :250–258.

[13] 陈文玲，司栋栋. 无人机倾斜摄影技术在三维建模中的应用[J]. 智能城市，2024，10 (1) :39–41.

[14] 刘宝锋，颉昕宇. 基于无人机倾斜摄影测量技术空地融合建模方法研究[J]. 微型电脑应用，2024，40 (1) :59–61.

[15] 苏紫乾，周丽晨. 无人机倾斜摄影测量的影像处理技术与应用三维建模系统的研究[J]. 城市建设理论研究（电子版），2024 (2) :178–180.

[16] 李正洪，侯璐，胡庆忠，等. 无人机航拍与三维建模技术在光伏发电资源勘察中的应用[J]. 集成电路应用，2024，41 (1) :174–175.

[17] 王倩，刘攀. 基于三维激光扫描技术的无人机倾斜摄影测量三维建模研究[J]. 科技与创新，2024 (1) :69–72.

[18] 张利龙，殷学丰，周宇羲. 城市战场无人机倾斜摄影三维建模应用[J]. 电脑知识与技术，2024，20 (1) :134–136.

[19] 潘书涵，刘珺，孙梦宇，等. 基于无人机倾斜摄影测量的三维地质建模研究进展[J]. 四川地质学报，2023，43 (4) :755–758.

[20] 李旭民，晏晓红，孙可心，等. 无人机倾斜摄影测量在城市复杂地形三维建模中的应用[J]. 测绘与空间地理信息，2023，46 (12) :41–44.

[21] 郑育行，张勋，安斯奇，等. 复合翼垂直起降无人机直驱混合动力系统验证设计与实验建模方法[J]. 内燃机工程，2023，44 (6) :77–89.

[22] 许童羽，方健羽，郭忠辉，等. 东北地区稻田土壤氮含量无人机高光谱反演建模研究[J]. 沈阳农业大学学报，2023，54 (6) :759–768.

[23] 吕玉龙，石永康，金强，等. 风场扰动下植保四旋翼无人机的建模与控制[J]. 农机化研究，2024，46 (6) :1–8.

[24] 张在琛，江浩. 智能超表面使能无人机高能效通信信道建模与传输机理分析[J]. 电子学报，2023，51 (10) :2623–2634.

[25] 褚宁，米川. 一种基于无人机倾斜摄影的高精度单体三维建模方法[J]. 地理空间信息，2023，21 (11) :9–14.

[26] 刘浩. 无人机倾斜摄影技术在城市实景三维建模中的应用研究[J]. 城市建设理论研究（电子版），2023 (33) :202–204.

[27] 李斯，杨自安，李冬月，等. 基于无人机倾斜摄影三维建模技术的赤马山铜矿地质环境调查及评价[J]. 地质与勘探，2023，59 (6) :1271–1281.